软籽石榴提质增效栽培技术图谱

冯玉增　吕慧娟　王运钢　代红兵　主编著

河南科学技术出版社
· 郑州 ·

内容提要

本书共分为11部分，系统介绍了我国石榴生产现状与发展前景，优质石榴栽培对环境条件的要求，国内优良软籽石榴品种、优质石榴标准化生产栽培的果园建立、苗木繁殖、土肥水管理、整形修剪、保花保果、主要病虫害防治、抗灾保护、贮藏保鲜与果品加工等技术。全书内容全面实用，技术先进科学，图文并茂，通俗易懂，适合从事石榴种植的广大果农及农技推广工作者阅读，亦可供农林院校相关专业师生阅读参考。

图书在版编目（CIP）数据

软籽石榴提质增效栽培技术图谱/冯玉增等主编著.—郑州：河南科学技术出版社，2021.7

ISBN 978-7-5725-0496-9

Ⅰ.①软… Ⅱ.①冯… Ⅲ.①石榴—果树园艺—图解 Ⅳ.①S665.4-64

中国版本图书馆CIP数据核字（2021）第139736号

出版发行　河南科学技术出版社
　　　　　地址：郑州市郑东新区祥盛街27号　　邮编：450016
　　　　　电话：（0371）65737028　65788613
　　　　　网址：www.hnstp.cn
策划编辑：陈　艳　陈淑芹　编辑信箱：hnstpnys@126.com
责任编辑：霍玉娟　陈淑芹
责任校对：张萌萌
装帧设计：张德琛
责任印制：张艳芳
印　　刷：河南博雅彩印有限公司
经　　销：全国新华书店
开　　本：890 mm×1 240 mm　1/32　　印张：6　　字数：160千字
版　　次：2021年7月第1版　　2021年7月第1次印刷
定　　价：36.00元

如发现印、装质量问题，影响阅读，请与出版社联系并调换。

《软籽石榴提质增效栽培技术图谱》编著者名单

主编著：冯玉增 吕慧娟 王运钢 代红兵

副主编著（按姓氏笔画排序）：

于建平　王会娜　石清茹　田顺龙

张　吉　陈中如　周桃龙　赵公玺

胡功鑫　段世齐　姚　岗　徐玉杰

徐红霞　郭振锋　郭展昭　梁毅莉

谢　彬

编著者（按姓氏笔画排序）：

于建平　王会娜　王运钢　邓卫斌

石清茹　田顺龙　代红兵　冯玉增

冯晓静　吕慧娟　祁魏峥　李　元

张　吉　陈中如　陈新雨　周桃龙

赵公玺　胡功鑫　段世齐　姚　岗

徐玉杰　徐红霞　高书伟　郭振锋

郭展昭　梁毅莉　董利萍　谢　彬

冯玉增简介

　　冯玉增，河南省开封市农林科学院研究员、原副院长，国内系统提出软籽石榴提质增效栽培并出版专著论述第一人，中国园艺学会石榴分会副理事长，全国经济林产品标准化技术委员会委员。从事石榴种质资源、育种、栽培技术及病虫害防治技术研究40年，选育出豫石榴1号、2号、3号、4号4个普通型优良品种和蜜宝、蜜露、甜宝、墨玉等4个软籽（核）类品种；获得省部级科技成果奖10余项；发表石榴方面研究论文40余篇，主编出版《石榴》、《石榴病虫草害诊治生态图谱》《石榴欣赏栽培166问》《石榴精细管理十二个月》等石榴方面图书12部；并主编出版石榴、苹果、梨、枣、桃、杏、李、柿、核桃、山楂、板栗、樱桃等果树病虫害诊治生态图谱等41部。主持制定国家林业标准《石榴苗木培育技术规程》《石榴栽培技术规程》和河南省地方标准《石榴果品质量等级》等12项国家林业技术标准。

前言

石榴(*Punica granatum L.*),为石榴科石榴属果树,耐干旱、耐瘠薄、易栽培、易管理,具有很强的适应性,目前全国20余个省、市、区都有栽培,在我国栽培历史悠久。

石榴树全身是宝,其果实性温、味甘酸涩、无毒,具有杀虫、收敛、涩肠止痢等功效,可治疗久泻、便血、脱肛、带下、虫积腹痛等症;果皮也是强力治痢良药;根皮中含有石榴皮碱,具有驱蛔作用;叶可除眼疾,能制茶,还能吸附二氧化硫和铅蒸气,净化空气;石榴根皮、果皮及隔膜富含鞣质,是印染、制革工业的重要原料。

近年来,随着国际国内市场对石榴需求的增大,我国石榴栽培面积迅速扩大,产量和品质逐步提高,贮藏保鲜技术和加工业也得到发展。据非官方统计,截至目前全国石榴栽培面积为12万~15万公顷,其中软籽石榴栽培面积为3万~4万公顷。很多地区的石榴产业已成为发展当地农村经济、增加农民收入和建设新农村的支柱产业。业界普遍认为,软籽石榴由于籽核可咀嚼食用、品质优良、老少皆宜,是石榴未来的发展方向,而实际情况也是这样,近年全国软籽石榴种植面积扩大很快。

增加产量,提高品质,防止果品污染,降低成本,实现"从农田到餐桌"的全过程科学、安全管理,是广大专业研究人员和果农的迫切需求;吃上高品质的放心果品,减少农药残留影响,是广大消费者的迫切愿望。

近年来,随着我国石榴生产的快速发展,栽培上迫切需要石榴优质、安全生产方面的技术书籍。本书以指导优质石榴生产、提高优质石榴贮藏保鲜效果、扩大优质石榴综合利用为宗旨,突出优质石榴生产的新成果、新技术与传统经验和常规技术的有机结合。针对生产实际和读者需要,本书系统介绍了我国石榴生产现状与发展前景,优质石榴栽培对环境条件的要求,国内优良软籽石榴品种、优质石榴标准化生产栽培的果园建立、土肥水管理技术、整形修剪技术、保花保果技术、树体保护技术、主要病虫害绿色防控技术、采收技术、贮藏保鲜技术、加工利用技术等，即优质石榴的产前、产中和产后系列实用技术，并配有大量的插图。

本书由国内在该领域有丰富理论知识和实践经验的专家共同编写完成。本书的编写内容，突破了以往一般石榴栽培科普书中以语言文字介绍为主的局限性，更多地采用生态数码照片和插图，图片典型逼真、文字通俗易懂、内容简明扼要、技术先进实用，使读者可以简明、快捷、准确地学习并应用技术，适时、科学、正确、合理地进行科学管理。

本书编写的主旨是为我国软籽石榴的科学研究、技术推广、安全生产做点事，为提高软籽石榴果品产量、改善品质，为国民果品消费安全、建设生态安全、还绿水青山，尽一份力。由于编著者水平所限，书中疏漏和不当之处，敬请同行专家、广大读者朋友批评指正。

本书的编写，引用、借鉴了同行的部分内容，由于篇幅有限，不一一列出，在此一并感谢。

冯玉增

2021 年 1 月

目录

一、栽培软籽石榴的经济、生态、发展意义

　　石榴为亚洲中部国家古老果树之一，于西汉时期，沿丝绸之路传入我国，距今已有2 000多年的栽培历史。世界上有70多个国家生产石榴，目前在我国20余个省、市、区都有栽培。石榴枝繁叶茂，花艳果美，其花有红、黄、白等色，从南至北旬平均气温高于14℃时开始现蕾开花，花期长达2个月，沿黄地区盛开于5月。古诗曰"五月榴花红似火""滚滚醉人波"。石榴果皮有红、黄、白、青、紫等色，果实"千膜同房，千子如一"，形似灯笼，缀满枝头，直至9月底10月初成熟，花果双姝，神、态、色、香俱为上乘，历来被我国人民视为馈赠亲友的喜庆、吉祥之物，象征繁荣昌盛、和睦团结，寓意子孙满堂、多子多福，民间常称石榴树为"吉祥树"，石榴是典型的兼食用和观赏为一体的植物。

　　石榴发展空间大，既可在适生地区栽植不同规模的专业果园、石榴林、石榴岭，又适合在宅院、"四旁"丛植、列植、孤植，也可作道路、工矿厂区、公园绿化树种。它树姿古雅，冠美枝柔，疏影横斜，千姿百态，自然成景；花繁久长艳丽，花形文雅雍容，花香隽永绵长，果实丰润。冠大者，姿可赏、果可食；冠小者，玲珑可爱，特别适合制作果树盆景。近年城市郊区发展休闲农业、观光果园，石榴都是优选树种。国内许多地区如山东省枣庄市，河南省新乡市、驻马店市，陕西省西安市，湖北省黄石市、荆门市，广东省南澳县等城市均把石榴定为"市花（树）"，作为市区重要绿化观赏树种予以发展。

　　石榴树生长健壮，耐干旱、耐瘠薄、易栽培、易管理，对土壤、

气候适应性强，无论丘陵、平原、滩涂，无论沙土、壤土、黏土等，均可选择适宜品种进行栽培。由于其结果早、产量高、经济效益显著，近年来发展迅速，但市场仍供不应求。

目前我国石榴品种有370多个，其中软籽（核）类品种20余个，除具有普通石榴的优良特性外，由于其软核可咀嚼吞咽，更是果品中的极品。

（一）经济及生态意义

石榴是我国人民十分喜爱的果树之一。

石榴果实营养丰富。其籽粒含碳水化合物17%以上，维生素C含量超过苹果、梨1～2倍，粗纤维含量2.5%，无机元素钙、磷、钾等含量为0.8%左右。风味酸甜爽口，果实除鲜食外，还可加工成果汁、果酒、果露，是一种高级保健饮品。因石榴果品及饮品市场供应稀少，其价格虽是橘子、香蕉、苹果的几倍，但仍在国内外市场畅销。

石榴树全身是宝。其果实性温、味甘涩酸、无毒，具有杀虫、收敛、涩肠止痢等功效，可治疗久泻、便血、脱肛、带下、虫积腹痛等症；果皮也是强力治痢良药；根皮中含有石榴皮碱，具有驱蛔作用；石榴的果皮、根皮等对痢疾杆菌、绿脓杆菌和伤寒杆菌等均有一定抑制作用。石榴汁和石榴种籽油中，含有丰富的维生素B_1、维生素B_2、维生素C、烟酸、植物雌激素与抗氧化物质鞣花酸等，对防治癌症和心血管病、防衰老和更年期综合征等有多种医疗作用。三白石榴根浸泡饮用，可治疗高血压病。叶片经炮制，是上等茶叶，长期饮用具有降压、降血脂的功效。用叶片浸水洗眼，还可明目、消除眼疾。石榴根皮、果皮及隔膜富含鞣质，是印染、制革工业的重要原料。

石榴树易栽培，分布范围广，具有早结果、早丰产、早收益、结果年限长、收益率高等优点，且具有耐干旱、耐瘠薄、对环境条件适应性强的特点，易管理、易获高产，因此在我国栽培分布较广。北至河北省的迁安市、顺平县、元氏县和山西省的临汾县、临猗县，西至甘肃临洮县，东至台湾省，南至南海边均有栽培，而以河南、山东、陕西、安徽、四川、云南、江苏、新疆等省（区）栽培较多。其中河南省开封市、荥阳市，山东省枣庄市，安徽省淮北市、怀远县，四川省会理县、攀枝花市，陕西省临潼区、乾县，云南省蒙自市、建水县、开远市，新疆维吾尔自治区叶城等都是石榴的著名产地。

石榴供应期长。南方的云南、四川等地8月即可上市；北方黄河流域早熟品种8月下旬上市，晚熟品种9月、10月上市。由于其耐贮藏，供应期可延长至次年5月，在水果周年供应上占有重要地位。

石榴是经济价值很高的生态树种。石榴树耐干旱、耐盐碱、根系发达、枝繁叶茂，是山区丘陵水土保持、平原沙区防风固沙、盐碱滩涂地区发展果树的优选树种。石榴树对二氧化硫、氯气、硫化氢、一氧化碳等有害气体均有较强的吸附作用，可以净化空气，是工厂矿区、城市道路、居民生活区的良好绿化树种。家中放置一盆石榴盆景，不但能净化室内空气，而且绿的叶、红的花、艳丽的果，能为居家住室平添几分高雅和生机。因此，发展软籽石榴，既具有较高的经济价值，又具有较高的生态意义。

（二）发展意义

石榴生产自20世纪70年代以来越来越受到重视，如今已成为我国果树生产的重要组成部分，对调整农业种植结构、增加农业产值、发展农业积累资金、改善果品消费结构、丰富人民生活、繁荣市场等均起着愈来愈重要的作用。

1. 生产现状

（1）面积、产量迅速增长。在20世纪70年代以前，我国各地石榴生产基本呈零星分布，主要栽植在庭院，规模种植较少；直至80年代中期，全国石榴栽培总面积约5 000公顷，总产量约6 000吨，基本不构成商品产量；而到2019年，全国石榴面积约12万～15万公顷，年产量超过120万吨。石榴生产已从"四旁"、庭院，走向田间，走向规模化、集约化栽培。石榴生产虽然发展很快，但较其他果树发展仍较慢，目前全国石榴总产量不足水果总产量的0.1%，市场供应量极其有限。

（2）花色品种增多。品种是优质高产的基础，有了优良品种，生产才能大面积发展。据调查，全国有石榴品种320多个。近年来，各地在利用优良种质资源的同时，新培育出一批优良软籽类品种，推广应用于生产，如河南省开封市农林科学研究院选育出的蜜宝软籽、蜜露软籽、甜宝软籽、墨玉软籽，中国农业科学院郑州果树研究所选育的中农红软籽，山东省的枣辐软籽9号，安徽省的淮北软籽1号，等等。近年还从国外引进推广了一批优良品种，如突尼斯软籽等。就目前生产目的分：①鲜食石榴占主导地位，占石榴总面积的80%以上，各地都有自己的主栽品种，这些品种的特点是果实大、果色艳、风味甜或酸甜、产量高、经济价值高。软籽类品种栽植量较少，其商品价值尚未充分展现。②食赏兼用品种占15%以上，主要在城市郊区作为生态观光园及工厂、矿区、街道绿化，此类品种多为重瓣花，既可观花、观果，也可鲜食，但此类品种坐果率相对较低，果实较小。普通优良鲜食品种集观赏、鲜食于一体，在观光果园则以赏食兼用为目的，在发展中更受青睐。③酸石榴品种有少量规模种植，由于其风味酸或涩酸不能直接食用，多作为加工品种发展，主要为石榴加工企业的原料基地，面积很小。④观赏类品种株型小，花期长，有些花果同树，有些有花无果，纯以观赏为目的，适于盆景栽培，栽培数量较少。

（3）已成为区域经济的主导产业。国内石榴主产区如河南省荥阳市、巩义市，陕西省西安市临潼区，山东省枣庄市峄城区，四川省攀西地区，云南省巧家县、蒙自市等地，均已建成数千公顷集中连片的石榴商品基地。主产区的陕西省临潼区、山东省峄城区、安徽省怀远县、四川省会理县和仁和区、云南省蒙自市和会泽县，以及河南省荥阳等市、县（区），石榴已成为当地农村的一项骨干产业，"一亩园十亩田，二亩石榴数万元"，依靠石榴收入年超过数十万元的农户并不鲜见。各主产区通过举办"石榴节""石榴博览会"等节会招商引资。各产区都注册了自己的商标，发挥品牌效应，扩大影响。有些产区搞石榴综合开发，成立了多种形式的石榴生产组织，研究开发了石榴酒、石榴饮料、石榴叶茶、石榴果脯等，基本形成了生产、销售、贮藏、加工一体化，林、工、商协调发展的格局，对促进石榴生产、科研和市场开发起到了巨大的推动作用。

2. 软籽石榴发展前景

石榴历来为我国人民所喜爱，国庆、中秋期间正是石榴的上市季节，软籽石榴更是礼品中的极品。石榴发展前景广阔，俗话说"要想富，栽果树，脱贫致富首选石榴树"。

（1）产量高、好管理。优良品种1年生苗，定植当年见花，2年见果，3年单株产量可达5千克以上，5年进入丰产期，单株产量超过25千克，每亩密度一般为80～110株，亩产量达2 000～3 000千克。石榴树不但结果早、产量高、见效快，而且管理技术相对简单。管得好，多结果；管得差，少结果；不管也可以结果，可以称得上是"懒汉树"。

（2）易贮藏、易运输。石榴属于耐藏果品，科学贮藏可以存放到第二年5月，错开季节上市，价格成倍增长。既适合城市郊区集约栽培，即时上市；又适合老、少、边、穷、交通不便地区发展种植，且运输方便，可以长途运输，为"长腿果品"。

（3）市场紧缺、价格高。全国只有河南、山东、陕西、安徽、四川、云南等省的部分地区规模种植，形成商品产量。南方很多地方都不适宜种植，而北方由于冬季寒冷、石榴树易遭受冻害也不适宜种植，全国适宜种植石榴树的地方不多，石榴的市场很大。目前全国石榴总产量不足水果总产量的0.1%，为市场紧缺的珍稀果品，种植石榴不用愁卖不出去。市场上各种各样的水果（包括洋水果）都有，就是很少有软籽石榴，因此软籽石榴价格是苹果、柑橘的几倍。

（4）石榴能走出国门，出口创汇。目前世界市场上的石榴主要来自伊朗、以色列等中东国家，伊朗年产石榴60万吨，是该国主要水果和出口创汇产品。日本人认为石榴是健康果品而大量消费。国内主产区的河南开封、云南会泽等地的石榴在20世纪70年代也曾出口日本，远销港澳。目前，我国已融入开放的世界市场，农产品国际贸易活跃，可以大力发展具有区位优势的石榴生产，将国内优质高档石榴销往国外。

（5）发展石榴加工，增值增效。石榴籽粒出汁率一般为

87% ~ 91%，含糖量为10.11% ~ 12.49%，含酸量一般品种为0.16% ~ 0.40%，而酸石榴品种为2.14% ~ 5.30%，每百克鲜汁含维生素C 11毫克以上，蛋白质1.5毫克，磷105毫克，钙11 ~ 13毫克，铁0.4 ~ 1.6毫克。石榴除鲜食外，也可制成罐头、果酒及果汁等高级清凉饮料。石榴果皮、隔膜、根皮及树皮含鞣质22%以上，可提取栲胶。石榴叶可制作成保健茶，具有降脂、降血压的作用。常饮石榴酒、石榴汁可以预防动脉粥样硬化和心脏病及减缓癌变进程。石榴全身都是宝，可鲜食、加工、外销、内销，市场非常广阔。

3. 发展建议

（1）石榴适生范围广，可发展区域大，要明确发展方向。冬季正常降温年份，多数石榴品种能忍受的极限低温为-13℃，当温度降至-15℃以下时，地上部分会出现严重冻害甚至整株死亡。因此，我国石榴生产应在现有分布区域内适度发展，在适宜发展地区，历史上出现-15℃以下低温的地区要注意冬季防寒。对在适宜栽植以外地区发展以及种植耐寒性差的石榴品种要慎重，要考虑冬季低温影响，不要盲目引种。

石榴生产发展方向：一是选择在向阳的山坡梯地，西北面有山林阻挡寒流，利用山麓的逆温层带种植石榴，防止冻害发生。二是利用浅山、丘陵、平原荒地、滩地发展石榴生产增加收益，既为老、少、边、穷地区开辟一条致富之路，又可提高土地利用率、保持水土、维持生态平衡，达到土地永续利用、实现农业可持续发展的目的。三是发展集约型高效果园、观光园、生态旅游果园等，在交通便利、土质肥沃的平原农区及城市郊区发展石榴生产，采用先进的集约栽培技术，定植3年结果，5年进入丰产期。

（2）尽快实现石榴生产良种化，提高市场竞争力。新发展石榴园及大型商品基地，必须保证良种建园。对现有石榴生产中的劣种树，通过高接换种、行间定植良种幼树、衰老树一次性淘汰等方法尽快实现更新。本书推介的软籽类品种各地可选择利用。引种时，同纬度、同生态区、北树南引易成功，引种的北限为北纬37°40′，盆栽和保护地栽培另当别论。果园建设特别是大型果园要注意品种搭配，主栽品种1个，搭配品种1~2个。一般品种不用配置授粉树，个别品种要考虑授粉树的配置。

（3）强化管理，推进产业化进程。目前我国一些石榴产区产量较低，其中有新栽幼树和部分因管理不善、结果不良的果树，因此要大力普及推广石榴丰产栽培技术，提高石榴产量和质量。石榴是商品性极高的果品，又可以深加工，石榴的发展也必然将走产业化道路，以市场为导向，以企业为龙头，通过"公司＋基地＋农户＋市场""公司＋合作社＋市场""互联网＋"等多种途径，大力发展农工贸、产供销一体化的经营服务体系，推进石榴生产产业化进程。

（4）创品牌，提高商品价值。国内许多产区的石榴在历史上即为名产：陕西乾县的"御石榴"，因唐太宗和长孙皇后喜食而得名；山东枣庄的软籽石榴、冰糖籽石榴以及河南荥阳的河阴石榴，曾被选作进京贡品。近年我国石榴生产发展迅速，各产区要注重创立自己的精品品牌，改进包装、贮运技术，提高商品质量，以优质品牌石榴开拓国际国内市场。

（5）加强科学研究和技术推广，不断为石榴生产注入活力。投入足量资金，加强与石榴生产紧密相关的育种、良种繁育、病虫害防治、智慧栽培新技术、贮藏加工等全面系统研究和技术储备，合理、高效地利用我国丰富的气候、土壤资源，尤其是光热资源，最大限度地挖掘石榴生产潜力。同时充分发挥农业技术推广系统功能，保证先进的技术成果快速在石榴生产实践中应用。

（6）发展"智能果园"，实行智慧栽培。选择软籽石榴最佳优生区发展软籽石榴生产，实现智能高效水肥一体化灌溉、病虫草害生物控制，记录实时气象和土壤信息及影像，利用"云技术"储存等功能，规范生产。有条件的，每个石榴可以设定一个二维码，进入流通渠道后，消费者只需扫一下码，该果实所生长的石榴树的施肥、浇水、开花、结果以及是否打农药等信息，均可在手机APP上呈现，为消费者提供放心满意的产品，也提高生产者的收益。

二、 新优软籽石榴品种

丰富的石榴资源和悠久的栽培历史，使我国石榴的种类和品种非常丰富，目前全国有石榴品种370多个，各地有不少传统的优良品种，也是当地的主栽品种。而软籽（核）类品种有20余个，除具有普通优良品种的特性外，因其核软可食、商品价值高，极具推广价值。

品种选择是栽培成败、收益高低的关键，应根据各地生态条件和果实用途，选择适地适栽的优良品种。

优良的软籽石榴品种除必须具有生长健壮、抗病虫能力强、丰产优质等优点外，在干旱寒冷的北部、西部产区须具有耐旱、耐寒的优点，而在多阴雨、高温的南方地区须具有耐高温、耐高湿、易坐果的优点。各地还应根据市场销售情况有计划地发展，城市、厂矿等消费人群密集地区应多发展鲜食品种，有加工能力的地区可以加工、鲜食品种兼顾。同时注意早、中、晚熟不同成熟期品种的合理搭配，以便提早和延长鲜销和加工时期，拉长供应链条。

新优软籽石榴品种如下。

1. 蜜宝软籽

（1）品种来源。蜜宝软籽（图2-1）是从突尼斯软籽品种芽变中选育而来。

（2）品种特征特性。

1）植物学特征及果实经济性

图2-1 蜜宝软籽果实

状。树冠为自然圆头形，树形紧凑，枝条密集，树势中庸；成枝力中等，5年生树冠幅/冠高＝3.5米/4.0米。树干表皮纹路清晰，纵向排列，有瘤状突起并有块状翘皮脱落；幼枝浅红色，老枝灰褐色，枝条绵软，针刺少、绵韧；幼苗直立性较强，幼叶浅红色，成叶深绿色，长椭圆形，长7.5～8.5厘米，宽4.0～4.5厘米。花瓣红色5～6片，雄蕊平均有花药230～260枚/朵。果皮浓红色，果面光洁；果实圆形，果形指数0.92～0.95，果底圆形，萼筒圆柱形，高0.5～1.0厘米，直径1.5～1.8厘米，萼片开张或闭合5～6片；最大果重1 100克，平均450克左右；籽粒浓红色，籽核特软，成熟时有放射状针芒，百粒重平均55～65克。单果子房数7～8个，皮厚4.0～6.0毫米，可食率51.5%。果皮质地较疏松，成熟后期果肩部易出现细小裂纹，遇雨易失去鲜红光泽，为避免此种现象发生，可采用白色木浆纸袋套袋，成熟采收前10～15天去袋，效果较好；风味酸甜适口，可溶性固形物含量18.5%左右，含糖量13.68%，含酸量0.20%，每千克含维生素C 78.4毫克、铁3.18毫克、钙54.3毫克、磷416毫克。

2）结果习性。该品种雌雄同花，总花量较大，至9月上旬仍有开花现象。完全花率49.6%，坐果率62.5%。花前期坐果率高，易形成早熟大果。

3）物候期。河南省中部，萌芽期在3月底4月初，落叶期在11月10日前后，初花期在5月上旬，盛花期在5月中旬至6月20日，果实成熟期为9月中旬。

4）丰产性。扦插苗栽后2年见花，3年结果，单株产量达4千克以上，第5年单株产量达15千克以上，逐渐进入盛果期。10年生大树单株年产量超过30千克。

（3）品种适应性与适栽地区。该品种适生范围广，抗病、抗旱、耐瘠，对土壤要求不严，在平原沙地、黄土丘陵、浅山坡地，均可生长良好，适宜的土壤pH值为5.5～8.5。在土肥水较差的条件下，植株长势中庸，丰产性和果实优良品质可以表现出来；在高肥力地区，丰产效果更为突出。大于等于10℃的年积温超过3 000℃、年日照时数超过2 400小时、无霜期200天以上的地区，均可种植。缺点是抗寒性稍差，在冬季温度较低地区发展时，冬季应注意防冻。

（4）栽培技术要点。

1）适宜栽植时期。在秋季落叶后和春季（3月上中旬），选择健壮、无病虫的平茬苗定植，行株距可采取3米×2米、3米×3米和4米×3米等多种形式。

2）树形为多干自然半圆形或单干疏散分层开心形。对于幼树各级骨干枝、延长枝和分枝处的单条枝，应适当短截；对于过密的枝和旺长枝，应适当重截。注意疏去冠内下垂枝、病虫枝、枯死枝和横生枝，基部萌条要及时剪除。

3）基肥以农家肥为主。以农家肥为主要基肥，配合施用饼肥和速效氮、磷肥。采用环状或辐射状沟施。在果实膨大期的6月中旬追肥和叶面喷施微肥。幼龄树株施农家肥8～10千克，结果树每生产1 000千克果实，一次性秋施基肥2 000千克，追肥200～400千克。要适时浇水，采收前10天一般不要浇水，防止裂果。

4）病虫害防治。虫害主要是桃蛀螟、茎窗蛾和石榴巾夜蛾。叶面喷药防治重点在5月30日到7月30日进行，每10天1次，兼治多种虫害。防治桃蛀螟，可用90%晶体敌百虫或25%灭幼尿乳油500～1 000倍液，以萼筒塞药棉、抹药泥方式实施。病害主要是石榴干腐病，可在休眠期喷洒3～5波美度石硫合剂，在生长季节喷40%多菌灵可湿性粉剂或50%甲基硫菌灵可湿性粉剂600～800倍液等进行防治。

2. 蜜露软籽

（1）品种来源。由冯玉增等人通过实生选种选育而成（图2-2）。

（2）品种特征特性。

1）植物学特征及果实经济性状。该品种树冠圆形，树形紧凑，枝条密集，树势中庸；成枝力一般，5年生树冠幅／冠高＝3.5米／3.6米。树

图2-2 蜜露软籽果实

干表皮纹路清晰，纵向排列，有瘤状突起并有块状翘皮脱落；幼枝浅红色，老枝灰褐色，枝条绵软，针刺少、绵韧；幼叶浅红色，成叶浓绿色，长椭圆形，长7.0～8.0厘米，宽1.7～2.0厘米。花瓣红色5～6片，雄蕊平均有花药230枚/朵左右。果皮红色，果面光洁；果实圆形稍扁，果形指数0.94，果底平圆，萼筒圆柱形，高0.5～0.7厘米，直径0.6～1.2厘米，萼片开张5～6片；最大果重850克，平均310克；籽粒浓红色，核软，成熟时有放射状针芒，百粒重平均50.1克，最大62克。单果子房数4～12个，皮厚1.5～3.0毫米，可食率64.5%，果皮韧性较好，一般不裂果；风味酸甜适口，可溶性固形物含量17%左右，含糖量13.58%，含酸量0.22%，每千克含维生素C 74.4毫克、铁3.08毫克、钙53.3毫克、磷410毫克。该品种主要优点之一就是后期坐的果，果小籽少，但籽重仍较高，保持了大粒特性，可食率较高。

2）结果习性。该品种雌雄同花，总花量较小，完全花率48.6%，坐果率62%。开花规律的两大优点：一是花前期（6月10日前）完全花率高，相应的前期坐果率高，果大且品质好，果品的商品价值也高。二是虽然总花量小，但完全花率高，有利于提高坐果率和减少无谓营养消耗。

3）物候期。河南省中部，萌芽期在3月底4月初，落叶期在11月10日前后，初花期在5月上旬，盛花期在5月中旬至6月20日前后，果实成熟期为9月下旬至10月上旬。

4）丰产性。扦插苗栽后2年见花，3年结果，单株产量达5千克以上，第5年单株产量达25千克以上，逐渐进入盛果期。10年生大树单株年产量超过100千克。

（3）适栽地区。该品种抗寒性较强，适合国内各石榴产区栽植。在四川攀枝花、会理产区表现突出，产量高、果重大、品质优。

（4）栽培技术要点。同蜜宝软籽。

3. 甜宝软籽

（1）品种来源。由冯玉增等人从大红甜品种芽变中选育而来（图2-3）。

（2）品种特征特性。该品种树势健壮，成枝力强，树形开张，枝条柔韧密集，5年生冠幅／冠高=4.2米／3.8米。幼叶浓红色，成叶窄长，深绿色。幼枝褐红色，老枝浅褐色，刺枝绵韧，未形成刺枝的枝梢冬季抗寒性稍差。主干及大枝扭曲生长，有瘤状突起，老皮易翘裂。花红色，花瓣5~7片，总花量大，完全花率42%左右，自然坐果率60%左右。果皮艳红色，果实近球形，果形指数0.95；萼筒圆

图2-3 甜宝软籽果实

柱形，萼片5~7片，多翻卷。平均果重320克，最大果重1 100克；子房8~13室，籽粒鲜红色，核软，出籽率61%；百粒重43克，出汁率88.3%，可溶性固形物含量16.5%左右，风味酸甜爽口。成熟期9月下旬，5年生树平均株产28.6千克。

该品种抗寒、抗旱、抗病、耐贮藏，抗虫能力中等。不择土壤，在平原农区、黄土丘陵、浅山坡地，肥地、薄地均可正常生长，适生范围广，丰产潜力大。

（3）适栽地区及栽培技术要点。同蜜宝软籽。

4. 墨玉软籽

（1）品种来源。由冯玉增从当地大红酸品种芽变中选育而来（图2-4、图2-5）。

图2-4 墨玉软籽果实

图2-5 墨玉软籽籽粒

（2）品种特征特性。该品种为稀有品种。树势中庸，树冠为自然圆头形；刺和萌蘖较多；嫩梢红色，幼枝淡红色，幼树、枝皮黄褐色。花瓣鲜红色，5～6片，萼筒紫红色，萼片5～6片；叶长6.0～8.0厘米，宽2.0～2.5厘米。果实圆球形，果形指数1.0；果皮浓红色，果面光滑，有光泽，艳丽美观；平均果重363克，最大果重850克左右；子房数上4个、下2个；皮厚5.0～6.0毫米。可食率51%左右；籽粒马齿形、黑紫红色；单果籽粒数630～800粒，百粒重25～35克；种子小，籽核特软可食，汁极多；含可溶性固形物18.5%～19%；口感偏酸但回味微甜，别有风味；成熟期较晚，采果期长，不易裂果，较耐贮运。

丰产性好。扦插苗栽后2年见花，3年结果，单株产量达4.5千克以上；5年生树高3.5米左右，冠径2.5～3.0米，较丰产，单株产量15～20千克，逐渐进入盛果期。10年生大树单株年产量超过30千克。

（3）适栽地区及栽培技术要点。同蜜宝软籽。

5. 突尼斯软籽

（1）品种来源。由我国林业部于1986年从突尼斯引进（图2-6、图2-7）。

图2-6 突尼斯软籽果实

图2-7 突尼斯软籽籽粒

（2）品种特征特性。树势中庸，枝较密，成枝力较强，4年生树冠幅／冠高=2.0米／2.5米。幼嫩枝红色，有四棱；老枝褐色，侧枝多数卷曲。刺枝少。幼叶紫红色，叶狭长；成叶椭圆形，浓绿色。花红色，花瓣5～7片，总花量较大。完全花率34%左右，坐果率占70%以上。9月中下旬果实成熟。果实圆形，微显棱肋，平均单果重406.7克，最大650克；萼筒圆柱形，萼片5～7片，闭合或开张；近成熟时果皮由黄变红，成熟后外围向阳处果面全红，间有浓红断条纹，树冠背阴处果面红色占2/3。果皮洁净光亮，个别果有少量果锈，果皮薄，平均厚3.0毫米，可食率61.8%，籽粒红色，核特软，百粒重56.2克，出汁率91.4%，含糖量为15.5%，含酸量为0.29%，每千克含维生素C19.7毫克，风味甘甜，品质优，成熟早。该品种抗旱、抗病、择土不严，无论平原、丘陵或浅山坡地，只要土层深厚，均可生长良好。

该品种综合性状优良，是近年国内软籽石榴发展较快且发展面积较大的品种。

该品种抗寒性较差，冬季易受冻害。据笔者2015年冬和2016年冬对河南省该品种种植产区调查，当地县级气象资料记录，11月22日前后有中等强度的降雪，连续3天最低气温为0℃、-3℃、-1℃时，出现轻微冻害；连续3天最低气温为-4℃、-6℃、-3℃时，局地小环境出现较为严重冻害。发生冻害的部位一般在1.1米以下。因此，发展该品种一定要选择适宜的生长环境，不要盲目引种。

（3）适栽地区及栽培技术要点。栽培技术要点同蜜露软籽，因抗寒性较差，发展区域受限制。

6. 中农红软籽

（1）品种来源。中国农业科学院郑州果树研究所从"突尼斯软籽"品种芽变中选育而成（图2-8）。

（2）品种特征特性。树势中庸，幼树干性弱，萌芽力强；幼树以中、长果枝结果为主，成龄树

图2-8 中农红软籽果实

长、中、短果枝均可结果。多年生枝条青灰色，1年生枝条绿色，上有红色细纵条纹，平均长度10.33厘米，粗0.2厘米，节间长度1.8厘米。幼树刺枝稍多，成年树刺枝不发达。叶片深绿色，大而肥厚，平均叶长5.3厘米，宽2.7厘米。4年生树平均树高2.5米，平均冠幅2.0米，成枝力较强。以中、长果枝结果为主。花红色，花量大，单花花瓣6~7片。完全花率约35%，自然坐果率70%以上。果面光洁亮丽，果皮浓红色，平均单果重475克，最大果重714克。果实近圆球形，果底圆形，萼筒圆柱形，高0.8~1.2厘米，直径1.6~2.0厘米，萼片开张或闭合5~6片；果皮光洁明亮，阳面浓红色，裂果不明显。籽粒紫红色，百粒重40克左右；籽粒汁多，味甘甜，出汁率87.8%，可溶性固形物含量15.0%以上，籽核特软（硬度2.9千克/平方厘米）可直接食用，无垫牙感。

在河南中部地区3月下旬、4月初萌芽，5月上中旬初花，5月下旬进入盛花期，盛花期持续30~40天。9月上中旬果实成熟，11月中旬落叶。

该品种大小年现象不明显，丰产、稳产。一般1年生扦插苗定植后第二年即可见果，第三年平均株产5.5千克，4年生树平均株产10千克，5年生树平均株产20.2千克。

（3）品种适应性与适栽地区。该品种抗逆性强，适应性较广，抗旱、耐瘠薄、抗裂果。对土壤要求不严，在黏壤土、壤土、沙壤土、丘陵、山地、河滩、平原，均表现出良好的生长结果习性。在土壤肥沃、水分充足的条件下栽植，产量和品质尤为优良。缺点是抗寒性较差，与当前生产上栽植较广泛的突尼斯软籽石榴品种近同，在多雨年份或地区易感染果腐病。

（4）栽培技术要点。栽植时间根据各地气候特点及栽培方式，可于落叶后秋栽或春季发芽前栽植。栽植密度以株行距2米×3米较适宜。

该品种自花即可结果，异花授粉坐果率更高，因此应配置一定的授粉树。中农红软籽石榴的适宜授粉树以突尼斯软籽石榴和中农红黑籽甜石榴为最好，一般配置比例为（4~8）∶1为宜。

7. 枣辐软籽9号

（1）品种来源。该品种系由山东省峄县软籽石榴经连续3次辐射育成的新品种（图2-9）。

图 2-9　枣辐软籽 9 号果实

（2）品种特征特性。树势中强，叶片较大。单果重260克左右，果皮黄绿色，阳面带红晕。籽粒白色透明，较大；味甜美而核软可食，含糖量为16%，品质极好。耐贮运，丰产性好。

（3）品种适应性及适栽地区。主要在山东省枣庄市境内有分布种植。

（4）栽培技术要点。栽植中可合理密植，采用2米×3米和3米×4米两种株行距栽植。第五年时，2米×3米株行距者，两株间有部分长枝开始交接，但行间无交接现象。实行密植栽培，是获得早果丰产的首要前提。

8. 白玉石籽

（1）品种来源。来源于安徽省怀远县农家品种三白石榴营养系变异，由安徽农业大学选育，2003年通过安徽省林木良种品种审定命名（图2-10）。

图 2-10　白玉石籽果实

（2）品种特征特性。果实近圆形，平均果重469克，最大果重可达1 000克以上；果皮黄白色，果面光洁，有果棱，萼片直立；果形指数0.85，可食率58.3%，平均百粒重84.4克，最大102克，籽粒呈马齿状或长马齿形、白色，成熟时内有少量针芒状放射线；籽粒出汁率81.4%，籽核硬度为3.29千克/平方厘米，口感半软；可溶性固形物含量16.4%，含糖量12.6%，含酸量0.315%，每千克含维生素C 149.7毫克；当地9月中下旬成熟，耐贮性一般。树势强健，枝条灰白色，较软、开张，茎刺较少；叶片较大，长椭圆形、深绿色，叶尖微尖，幼叶、叶柄及幼茎黄绿色；两性花，1～4朵着生于当年新梢顶端或叶腋间；花瓣白色，花瓣、花萼4～6片；在皖中地区3月中下旬开始萌芽，4月初发枝，4月下旬现蕾，5月上旬初花，5月中旬至6月中旬盛花，11月上中旬开始落叶。盛果期株产可达60千克，丰产、稳产性好。在四川攀西地区2月中旬萌芽，3月下旬至5月上旬开花，8月上中旬成熟，当地表现丰产性好。

（3）适栽地区及栽培技术要点。该品种适应性较强，株行距以（3～4）米×4米为宜；树形宜选用自然圆头形，修剪时注意疏枝与短截结合；自花结实率较高，注意疏花疏果；果实成熟期要及时采收，推迟采收易裂果；降雨量较大的地区应注意及时排涝，加强对早期落叶病、干腐病防治。

图2-11　淮北软籽1号果实

9. 淮北软籽1号

（1）品种来源。由安徽省淮北市林业局选育，主要分布在淮北市等皖北产区（图2-11）。

（2）品种特征特性。果实近圆形，果形指数0.89，略显有棱，果个均匀，平均单果重325克，最大果重650克；果皮光洁，较薄，青黄色，向阳面古铜色；籽粒白色有红色针状晶体，品质上等，百粒重71～76克，出籽率70.7%，出汁率81.4%，可溶性固形物含量为

16.8%，含糖量15.5%，含酸量0.82%；籽核口感半软，10月上旬成熟，耐贮运。树形开张，半圆形；生长中庸，老干左旋扭曲，嫩枝有明显棱，当年生枝木质化、红褐色，棱、新梢、嫩枝呈淡紫红色，节间平均长2.4厘米；2年生枝灰褐色，平均长度为18厘米，节间平均长度2.8厘米，茎刺较少；叶较大，长披针形，长3.5～7.9厘米，宽0.9～2.3厘米，平均长5.1厘米，平均宽1.2厘米；成叶绿色，新叶淡红色；基部楔形，叶尖钝圆。整株开花量大，花多着生于枝条顶端。当地3月下旬萌芽，花期在5月上旬至6月下旬，花梗直立，长2.0～5.0毫米，红色；花萼筒状，5～7片，较短，深红色，果实发育后期反卷；花单瓣，5～7片，稍皱缩，椭圆形，红色，长2.1厘米，宽1.4厘米，花冠外展，花径3.5厘米，雄蕊多数，单花155枚左右，三种类型花都有。

该品种抗性较强，耐旱、耐瘠薄，在石灰岩岗地上生长良好，经济寿命长。采用1年生壮苗定植，在集约经营条件下，2年开花结实，3年生株产4～5千克，6～7年生株产8千克，50年生以上大树株产35千克以上，丰产稳产性好。

10. 青皮软籽

（1）品种来源。原产于四川省会理县（图2-12）。

（2）品种特征特性。树冠半开张，树势强健，刺和萌蘖少。嫩梢叶面红色，幼枝青色。叶片大，浓绿色，叶阔披针形，长5.7～6.8

图2-12　青皮软籽果实

厘米，宽2.3～3.2厘米。花大，朱红色，花瓣多为6片，萼筒闭合。果实大，近圆球形，果重610～750克，最大果重达1 050克；皮厚约5.0毫米，青黄色，阳面红色，或具淡红色晕带。心室7～9个，单果籽粒

300～600粒，百粒重52～55克，籽粒马齿状，粉红色；核小而软，可食率55.2%。风味甜香，可溶性固形物含量为15%～16%，含糖量11.7%，含酸量0.98%，每千克含维生素C 247毫克，品质优。当地2月中旬萌芽，3月上旬至5月上旬开花，7月末至8月上旬成熟。裂果少，耐贮藏。单株产量为50～150千克，最高达250千克。

会理青皮软籽，以果大、色鲜、皮薄、粒大、汁多、核软、香甜（带有蜂蜜味）、味浓而闻名，素有"籽粒透明晶亮若珍珠，果味浓甜似蜂蜜"的美誉。

（3）品种适应性及适栽地区。该品种适应性强，对气候和土壤要求不严。根据会理县各种植点的情况进行综合分析，在海拔650～1800米、年均气温12℃以上的热带、亚热带地区，均可广泛引种。

青皮软籽石榴主产地的四川省会理县，地处四川省西南部凉山州的最南端，东连会东，西邻攀枝花，北接德昌，南傍金沙江，与云南的禄劝、武定和元谋等县隔江相望。地理坐标为北纬26°5′～27°12′，东经101°52′～102°38′，全县地势呈南北走向，境内山峦起伏，山高坡陡，地形复杂，气候多样，有"山下收庄稼、山上才开花"的立体农业气候特点，属南亚热带季风性气候向温带气候过渡的气候带。青皮软籽石榴分布于海拔839～1800米的范围。该区年均气温为15.3～23.0℃，最热的7月，平均温度为23～27℃；最冷的1月，平均温度为7～15℃，≥10℃的年活动积温为5000～8000℃。年日照时数为2696～3000小时，无霜期为300～365天，年均降水量为600～1160毫米。土壤类型有燥红壤、褐红壤、水稻土、紫色土、沙壤土、冲积土和山地黄壤等。土壤pH值为4.5～8.0。

（4）栽培技术要点。

1）温度及土壤要求。建园地的年平均气温应在12℃以上，海拔在650～1800米，土壤以沙壤土和壤土最为适宜，pH值为4.5～8.0。山地建园应选在背风向阳的山坡地或不易积聚冷空气的山坳处为最好。平原建园应避开黏重土壤。

2）定植。平原地区栽培，株行距宜3米×4米；山地栽培，株行距宜2米×4米。栽植时，应适当配置授粉树。适宜的授粉品种为白皮甜和大绿籽。

3）加强土肥水管理。基肥于12月上中旬或2月中下旬施入，施肥量为：2～3年生树株施15千克，4年生以上树株施50千克。每年要进行2次追肥。第一次在萌芽前，2～3年生幼树株施尿素0.3千克，4年生以上的结果树株施尿素0.5千克，目的是促进石榴树开花和提高坐果率。第二次追肥在果实迅速膨大期前，株施石榴专用复合肥4千克，以促进果实生长，提高产量。施肥要结合浇水进行。另外，还要在封冻前浇封冻水，开春发芽前灌发芽水。

4）合理整形修剪。树形采用多主干自然半圆形。定植当年开张角度，选择4～5个生长健壮、方向适宜的枝为主。用撑拉等方法开张角度，以后使每个主干配3～4个主枝向四周扩展。冬剪以疏除和回缩为主，去除基部的萌蘖枝，疏除过密的下垂、重叠、病虫和枯死枝。对衰老枝、徒长枝和细弱枝，要及时回缩更新。夏季要及时抹芽摘心，疏除竞争枝、徒长枝和过密枝。

5）重视花果管理。在现蕾后到初花期，应尽早疏除所有的钟状花。短结果母枝，只留一朵筒状花。长结果母枝，每15厘米左右留一筒状花。6月下旬以后，开放的花应全部疏除。在盛花期，喷0.3%～0.5%的硼砂液。坐果后，每隔20天喷0.4%的磷酸二氢钾水溶液3～4次，以加速果实生长，提高果实品质。

11. 火炮

（1）品种来源。火炮又名红袍，原产于云南会泽县盐水河流域，优良中熟品种（图2-13）。

（2）品种特征特性。树势较强，树姿抱合，结果后开张。叶大，浓绿色。果实近球形，萼筒粗短闭合，果面光滑，底色黄白，阳面

图2-13　火炮果实

全红。果皮较厚，果实较大，平均单果重356克，最大单果重达1 000克。籽粒肥大，平均百粒重67克。粒色深红，核软可食，近核处"针芒"多。可溶性固形物含量为15%～16.5%，果汁多，味纯甜。在当地，于2月上旬萌芽，3月上旬至4月下旬开花，8月下旬果实成熟。

（3）品种适应性及适栽地区。该品种对土壤要求不严，适生范围广，抗病、抗旱、耐瘠薄。在海拔1 200～2 000米，绝对最低气温高于-16℃，≥10℃的年积温超过4 000℃的地区均可种植。

（4）栽培技术要点及注意事项。

1）土壤要求。该品种对土壤要求不十分严格，在pH值为6.5～8.3的沙土、冲积土上均能正常生长，但在透水性差的黏土中生长时，会产生裂果现象。主产区海拔高度为1 400～1 600米。

2）定植。该品种长势中庸，适宜密植，株行距一般为2米×4米。定植时间可在春、秋两季，尤其是在春天石榴树芽冒红点时栽植成活率可达100%。选取1年生壮苗，苗高70～80厘米，茎粗1厘米以上，侧根4条以上的无病虫苗。该品种自花结实性较强，一般不需要配置授粉树。

3）肥水管理。一般每年施肥3次：第一次于采果后深翻地时作为基肥施入，以优质有机肥为主。施肥量根据石榴树大小和长势情况而定，一般每株施厩肥25～60千克和磷酸二氢钾2千克。第二次是在枝条萌发期施追肥，每株施速效过磷酸钙或磷酸二铵0.3千克。第三次是在幼果膨大期喷施0.5%尿素和0.3%硼砂水溶液，可单独施，也可混施。一年灌好3次关键水，即萌芽水、催果水和封冻水。

4）整形修剪。该品种易发生根蘖，需及时除掉。整形修剪所采用的树形为单主干的自然开心形，由3～4个主枝形成树冠。在修剪手法上，1～3年生幼树的对生枝一般不轻易疏除。4年生以上的树，一般不宜轻短截。这是由于石榴花形成多在小枝顶部及中上部腋芽，轻短截会造成花芽损失及枝条丛生。此外，随着树龄的增大，石榴树枯枝逐渐增多，要注意更新修剪。

5）病虫害防治。火炮石榴的主要病害为旱期落叶病，虫害为桃蛀螟。在2～3月喷5波美度石硫合剂3次，5～6月喷40%多菌灵500倍液1次，防治早期落叶病。石榴始花后20天左右，喷50%杀螟硫磷乳油1 000倍液1次，7月下旬喷洒90%晶体敌百虫800～1 000倍液3次，每隔7天1次，可有效地防治石榴桃蛀螟的为害。

图2-14　糯石榴果实

12. 糯石榴

（1）品种来源。原产于云南巧家县（图2-14）。

（2）品种特征特性。树势中庸，树姿开张，叶片大。果实圆球形，中等大小，平均单果重360克，最大果重达900克。果面光亮，底色黄绿，略带锈斑，阳面鲜红。花与萼为红色，萼片闭合，外形美观。果皮中厚，籽粒肥大，百粒重平均为77克，粉红色。因核软而得名，近核处"针芒"多，汁多味浓，有甜香。可溶性固形物含量为13%～15%，品质优。该品种在当地，每年于2月初萌芽，3～4月开花，8月上旬果实成熟。

（3）适栽地区及栽培技术要点。同火炮石榴。

13. 临选1号

（1）品种来源。原产于陕西省临潼区，属净皮甜品种的优良变种（图2-15）。

（2）品种特征特性。树姿开张，树势中庸略强。枝条粗大，叶披针形或长椭圆形。退化花少，结实率高，丰产稳产。该品种果实大，圆球形，平均果重334

图2-15　临选1号果实

克，最大果重达625克。果皮较薄，果面光滑，锈斑少，底色黄白色，果面粉红色或鲜红色。萼筒直立稍开张。籽粒大，粉红色。百粒重平均为47克，最大粒重达51克。汁液多，味清甜。核软可食，近核处"针芒"多，可溶性固形物含量为14%～16%，品质优。采收期遇雨易裂果。该品种在临潼地区4月初萌芽，5月上旬至6月中旬开花，9月中下旬成熟，10月下旬落叶。

（3）适栽地区及栽培技术要点。

1）果园建立。定植时间以秋季（10～11月）或春季（2～3月）最为适宜。配置2个授粉树品种以提高产量和增进品质。栽植密度以2米×3米较为适宜。

2）整形修剪。树形以自然开心形为佳。定植当年春季，留50～60厘米定干，当年夏季选择3～4个方位、角度适当的壮枝作主枝，留2～3个枝作辅养枝，于7月对辅养枝摘心扭梢，促其花芽分化，其余在6月初全部抹除。第三年，对主枝短截，促发侧枝，并选留延长枝扩大树冠。

3）土肥水管理。施肥以基肥为主，于落叶后结合园地耕作，配合施入有机肥和磷肥。追肥掌握花前、果实膨大期和果实采收前三个关键期，根据树体营养情况叶面喷施或土壤追施，一般以速效肥为主。遇旱浇水，遇涝则排水，采果前15天前后停止浇水。

4）病虫害防治。临选1号石榴病害主要有干腐病和褐斑病。对石榴干腐病，采用果实套袋，防病效果可达88.7%，并兼防果腐病和桃蛀螟，且果实外观较好。还可在5～8月喷洒1∶1∶160波尔多液或40%多菌灵可湿性粉剂800倍液进行防治。对石榴褐斑病，可于发病初期，用1∶1∶140波尔多液或50%多菌灵可湿性粉剂600倍液连续喷洒2～3次，每10天1次。害虫主要有桃蛀螟、茎窗蛾，要注意及时防治。

14. 江石榴

（1）品种来源。江石榴又名水晶石榴，原产于山西省临猗县临晋乡（图2-16）。

（2）品种特征特性。树体高大，树形为自然圆头形，树势强健，枝条直立，易生徒长枝。叶片大，倒卵形，浓绿色。果实扁圆形，平均单果重250克。最大单果重500~750克。果皮鲜红艳丽，果面洁净光亮，果皮厚5.0~6.0毫米，可食率60%。籽粒大，核软。籽粒深红色，水晶透亮，内有放射状"针芒"。味甜微酸，汁液多，可溶性固形物含量为17%。果实9月下旬成

图2-16 江石榴果实

熟，极耐贮运，可贮至翌年2~3月。早果性能较好。其缺点是果熟期遇雨易裂果。

（3）品种适应性及适栽地区。冬季极端最低气温低于-15℃，地上部分出现冻害；极端最低气温低于-17℃，持续时间超过10天，地上部分出现毁灭性冻害，年生长期内需要有效积温超过3 000℃。该品种抗旱、抗寒、抗风，适宜在晋、陕、豫等沿黄地区发展种植。

（4）栽培技术要点。

1）适宜栽植时间与合理密度。适宜栽植时间为春季土壤解冻后的2月下旬~3月中旬。栽后灌水，树盘覆膜，可提高成活率。该品种枝条直立，适宜密植，为提高早期产量，密度设定为2米×3米较为适宜。

2）整形修剪。树形以单干自然圆头形为主，鉴于其枝条直立的特性，修剪时注意采用撑、拉、坠等方式，使内膛枝条角度开张，保持膛内通风透光良好。该品种树势强健，分枝力强，易生徒长枝，修剪时多采用重剪手法，以避免发生徒长。重视冬季修剪，培养树形，夏季修剪作为辅助手段，控制旺长，促进花芽分化。

3）重施基肥，合理追肥。以农家肥为主要基肥，配合施用饼肥和速效氮、磷肥，采用环状或辐射状沟施。施肥时期一般在11月下

旬～12月中旬或2月上旬。追肥掌握3个关键时期，即花前肥，在4月底5月初开花前追施；幼果膨大肥，在6月下旬至7月上旬施入；果实膨大和着色肥，在采果前15～30天施入。追肥可以土壤施或叶面喷施，依据树体营养情况，均以使用速效氮、磷肥或微肥为主，是树体养分供应的补充。

4）病虫害防治。主要病害有干腐病及后期遇雨裂果引发的果腐病，虫害主要有桃蛀螟、桃小食心虫等，采用综合防治措施予以防治。对石榴干腐病，采用果实套袋技术可有效防治，套袋前果面喷洒甲基硫菌灵等杀菌剂效果更好。还可在5～8月喷1∶1∶160波尔多液或40%多菌灵可湿性粉剂800倍液进行防治。对果腐病重点是合理灌水防止裂果，并于生长后期喷洒多菌灵等杀菌剂预防。对桃蛀螟和桃小食心虫于果实坐稳后采用药泥、药棉塞萼筒，以及5月中旬、6月上旬、6月下旬连续叶面喷洒敌百虫，或醚菊酯乳油800～1 000倍液防治。冬季摘拾树上树下僵果深埋烧毁，降低越冬基数，减轻来年为害。

15. 叶城大籽

（1）品种来源。叶城大籽原产于新疆喀什、叶城、疏附一带（图2-17）。

（2）品种特征特性。树势强健，抗寒性强，丰产，枝条直立；花鲜红色；果实较大，平均单果重450克，最大果重1 000克，果皮薄，果面黄绿色；籽粒大，汁多渣少，味甘甜爽口，可溶性固形物含量为15%以上，品质上等。当地9月中、下旬成熟。

图2-17　叶城大籽果实

三、 软籽石榴的生长结果特性

（一）生长发育的年龄时期

石榴在其整个生命过程中，存在着生长与结果、衰老与更新、地上部与地下部、整体与局部等矛盾。起初是树体（地上部与地下部）旺盛地离心生长，随着树龄的增长，部分枝条的一些生长点开始转化为生殖器官而开花结果。随着结果数量的不断增加，大量营养物质转向果实和种子，营养生长趋于缓慢，生殖生长占据优势，衰老成分也随之增加。随着部分枝条和根系的死亡引起局部更新，石榴逐渐进入整体的衰老更新过程。在生产上，根据石榴树一生中生长发育的规律性变化，将其一生划分为5个年龄时期，即幼树期、结果初期、结果盛期、结果后期和衰老期（图3-1）。

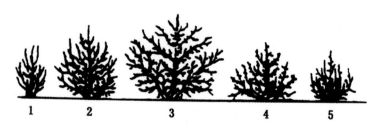

图 3-1　石榴树的年龄时期
1.幼树期　2.结果初期　3.结果盛期　4.结果后期　5.衰老期

1. 幼树期

幼树期是指从苗木定植到开始开花结果，或者从种子萌发到开始开花结果的时期。此期一般无性繁殖苗（扦插、分蘗苗等），2年开始开花结果，有性繁殖苗3年开始开花结果。

这一时期的特点是：以营养生长为主，树冠和根系的离心生长旺盛，开始形成一定的树形；根系和地上部生长量较大，光合和吸收面积扩大，同化物质积累增多，为首次开花结果创造条件；年生长期长，具有3次（春、夏、秋）生长。但往往组织不充实，而影响抵御灾害（特别是北方地区的冬季冻害）的能力。

管理上，要从整体上加强树体生长，扩穴深翻，充分供应肥、水，轻修剪多留枝，促根深叶茂，使尽快形成树冠和牢固的骨架，为早结果、早丰产打下基础。

石榴生产中多采用营养繁殖的苗木，阶段性已成熟，即已具备了开花结果的能力，所以定植后的石榴树能否早结果，主要在于形成生殖器官的物质基础是否具备。如果幼树条件适宜，栽培技术得当，则生长健壮、迅速，有一定树形的石榴树开花早且多。

2. 结果初期

结果初期是从开始结果到有一定经济产量为止，一般为5～7年。实质上是树体结构基本形成，前期营养生长继续占优势，树体生长仍较旺盛，树冠和根系加速发展的时期，也是离心生长的最快时期。随着产量的不断增加，地上地下部生长逐渐减缓，营养生长向生殖生长过渡并渐趋平衡。

结果特点是：单株结果量逐渐增多，而果实初结的小，逐渐变大，趋于本品种果实固有特性。

管理上，在运用综合管理的基础上，培养好骨干枝，控制利用好辅养枝，并注意培养结果枝，使树冠加速形成。

3. 结果盛期

结果盛期是从有经济产量起经过高额稳定产量期到产量开始连续下降的初期为止，一般可达60～80年。

其特点是：骨干枝离心生长停止，结果枝大量增加，果实产量达到高峰，由于消耗大量营养物质，枝条和根系生长都受到抑制，地上（树冠）地下（根系）亦扩大到最大限度。同时，骨干枝上光照不良部位的结果枝，出现干枯死亡现象，结果部位外移；树冠末端小枝出现死亡现象，根系中的末端须根也有大量死亡现象。树冠内部开始长出少量生长旺盛的更新枝条，开始向心更新。

管理上，运用好综合管理措施，抓好3个关键：一是充分供应肥水。二是合理更新修剪，均衡培养营养枝、结果枝和结果预备枝，使生长、结果和花芽形成达到稳定平衡状态。三是坚持疏蕾、疏花、疏果，达到均衡结果目的。

4. 结果后期

结果后期是从稳产高产状态被破坏，到产量明显下降，直到产量降到几乎无经济效益为止，一般有10~20年的结果龄。

其特点是：新生枝数量减少，开花结果耗费多，而末端枝条和根系大量衰亡，导致同化作用减弱；向心更新增强，病虫害多，树势衰弱。

管理上，疏蕾、疏花、疏果保持树体均衡结果；果园深翻改土，增施肥水促进根系更新；适当重剪回缩，利用更新枝条延缓衰老。由于石榴萌蘖能力很强，可采取基部高培土的办法，促进蘖生苗的形成与生长，以备老树更新。

5. 衰老期

衰老期是从产量降低到几乎无经济收益时开始，到大部分枝干不能正常结果以至死亡时为止。

其特点是：骨干枝、骨干根大量衰亡。结果枝越来越少，老树不易复壮，已无利用价值。

管理上，将老树树干伐掉，加强肥水，培养蘖生苗，自然更新。如果提前做好更新准备，在老树未伐掉前，更新的蘖生苗即可挂果。

石榴树各个年龄时期的划分，反映着树体的生长与结果、衰老与更新等矛盾互相转化的过程和阶段。各个时期虽有其明显的形态特征，但又往往是逐步过渡和交替进行的，并无截然的界限，而且各个时期的长短也因品种、苗木（实生苗、营养繁殖苗）、立地条件、气候因子及栽培管理条件的不同而不同。

6. 石榴树的寿命

在正常情况下石榴树的寿命为100年左右，甚至更长，在河南省开封县范村有260年生的大树（经2~3次换头更新）。据国内学者调查，在西藏三江流域海拔1 700~3 000米的察隅河两岸的干热河谷的荒坡上分布有古老的野生石榴群落和面积不等的野生石榴林，有800年生以上的大石榴树。有性（种子）繁殖后代易发生遗传变异，不易保持母体性状，但寿命较长；无性繁殖后代能够保持母体的优良特性，但寿命比有性繁殖后代要短些。

石榴树的"大小年"现象，没有明显的周期性，但树体当年的载果量、修剪水平、病虫为害及树体营养状况等都可影响第二年的坐果。

（二）生长习性

1. 根

（1）根系特征及分布。石榴根系发达，扭曲不展，上有瘤状突起，根皮黄褐色。

石榴根系分为骨干根、须根和吸收根3部分。骨干根是指寿命长的较粗大的根，粗度在铅笔粗细以上，相当于地上部的骨干枝。须根是指粗度在铅笔粗细以下的多分枝的细根，相当于地上部1~2年生的小枝和新梢。吸收根是指长在须根（小根）上的白色根，大小长短形如豆芽的叫永久性吸收根，它可以继续生长成为骨干根；还有形如棉线的细小吸收根，称作暂时性吸收根。它的数量非常大、吸收面积广，相当于地上部的叶片，寿命不超过一年，是暂时性存在的根，是主要的吸收器官。它除了吸收营养、水分之外，还大量合成氨基酸和多种激素，其中主要是细胞分裂素。这种激素输送到地上部，促进细胞分裂和分化，如花芽、叶芽、嫩枝、叶片以及树皮部形成层的分裂分化，幼果细胞的分裂分化，等等。总之，吸收根的吸收合成功能与地上部叶片的光合功能，两者都是石榴树赖以生长发育的最主要的两种器官功能。须根上生出的白色吸收根，不论是豆芽状的，还是细小绵线状的，其上具有大量的根毛（单细胞），是吸收水分和养分的主要器官（图3-2）。

石榴根系中的骨干根和须根，将吸收根伸展到土层中的空间，大量吸收水分和养分，并与来自叶片（通过枝干输送）的碳水化合物共同合成氨基酸和激素。所以，根系中的吸收根，不但是吸收器官，也是合成器官。在果园土壤管理上应采用深耕、改土、施肥和根系修剪

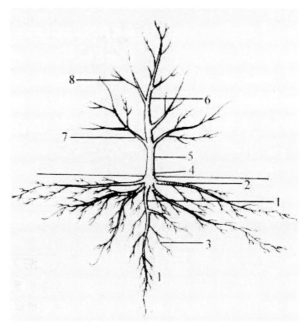

图 3-2　石榴根系分布
1.主根　2.侧根　3.须根　4.根茎　5.主干　6.中心干　7.主枝　8.侧枝

等措施，为吸收根创造良好的生长和发展环境。

根系的垂直分布：石榴根系分布较浅，其分布与土层厚度有关，土层深厚的地方，其垂直根系地下较深；而在土层薄、多砾石的地方，垂直根系地下较浅。一般情况下，8年生树骨干根和须根主要分布在0~80厘米深的土层中。累计根量在0~60厘米深的土层中分布最为集中，占总根量的80.0%以上。垂直根深度达180厘米，树冠高：根深为3:2，冠幅：根深亦为3:2。

根系的水平分布：石榴根系在土壤中的水平分布范围较小，其骨干根主要分布在冠径0~100厘米范围内，而须根的分布范围在20~120厘米处，累计根量分布范围为0~120厘米，占总根量的90%以上，冠

幅：根幅为1.3∶1，冠高∶根幅为1.25∶1，即根系主要分布在树冠内土壤中。

（2）根系在年周期内的生长动态。石榴根系在1年内有3次生长高峰：第一次在5月15日前后达到最高峰，第二次在6月25日前后，第三次在9月5日前后。从3个峰值看，地上地下生长存在着明显的相关性。5月15日前后地上部开始进入初花期，枝条生长高峰期刚过，处在叶片增大期，需要消耗大量的养分，根系的高峰生长有利于扩大吸收营养面，吸收更多营养供地上部所需，为大量开花坐果做好物质准备，以防地上部大量开花、坐果，造成养分大量消耗，而抑制了地下生长。6月25日前后大量开花结束进入幼果期，又出现1次根的生长高峰，当第二次峰值过后，根系生长趋于平缓，吸收营养主要供果实生长。第三次生长高峰出现正值果实成熟前期，此与保证果实成熟及果实采收后树体积累更多养分、安全越冬有关。随着落叶和地温下降，根系生长越来越慢，至12月上旬30厘米旬地温稳定通过8℃左右便停止生长，被迫进入休眠。而在翌年春季的3月上、中旬当30厘米旬地温稳定通过8℃左右时，又重新开始第二个生长季活动。在年周期生长中根系活动明显早于地上部活动，即先发根后萌芽。

（3）根蘖。石榴根基部不定芽易发生而形成根蘖。根蘖主要发生在石榴树基部距地表5～20厘米处的入土树干和靠近树干的大根基部。单株多者可达50个以上甚至上百个，并可在一次根蘖上发生多个二次、三次及四次根蘖。一次根蘖较旺盛、粗壮，根系较多，1年生长度可达2.5米以上，径粗1厘米以上；二次、三次根蘖生长依次减弱，根系较少。石榴枝条生根能力较强，将树干基部裸露的新生枝条培土后，基部即可生出新根。根蘖苗可作为繁殖材料直接定植到果园中。生产上大量根蘖苗丛生在树基周围，不但通风不良，还耗损较多树体营养，对石榴树生长结果不利。

2. 干与枝

（1）干与枝的特征。石榴为落叶灌木或小乔木，主干不明显。树干及大枝多向一侧扭曲，有散生瘤状突起，夏、秋季节老皮呈斑块状纵向翘裂并剥落。

（2）干的生长。石榴树干径粗生长从4月下旬开始，直至9月15日前后一直为增长状态，大致有3个生长高峰期，即5月5日前后、6月5日前后和7月5日前后，进入9月后生长明显减缓，直至9月底，径粗生长基本停止。

（3）枝条的生长。石榴是多枝树种，冠内枝条繁多，交错互生，没有明显的主侧枝之分。枝条多为一强一弱对生，少部分为一强两弱或两强一弱轮生。嫩枝柔韧有棱，多呈四棱形或六棱形，先端浅红色或黄绿色，随着枝条的生长发育，老熟后棱角消失近似圆形，逐渐变成灰褐色。自然生长的树形有近圆形、椭圆形、纺锤形等，枝条抱头生长，扩冠速度慢，内膛枝衰老快，易枯死，坐果性差。

石榴枝的年长度生长高峰值出现在5月5日前后，4月25日至5月5日生长最快，5月15日后生长明显减缓，至6月5日后春梢基本停止生长，石榴也进入盛花期。石榴枝条只有一小部分徒长枝在夏秋继续生长，而不同品种、同品种不同载果量，其夏、秋梢生长的比例不同，载果量小、树体生长健壮者夏、秋梢生长的多且生长量大；树体生长不良及载果量大者夏、秋梢生长量小或整株树没有夏、秋梢生长。夏梢生长始于7月上旬，秋梢生长始于8月中、下旬。

春梢停止生长后，少部分顶端形成花蕾，而在基部多形成刺枝。秋梢停止生长后，顶部多形成针刺，刺枝或针刺枝端两侧各有一个侧芽，条件适合时生长发育以扩大树冠和增加树高。刺枝和针刺的形成有利于枝条的安全越冬。

3. 叶

叶是进行光合作用制造有机营养物质的器官。石榴叶片呈倒卵圆形或长披针形，全缘，先端圆钝或微尖，其叶形的变化随着品种、树龄及枝条的类型、年龄、着生部位的不同而不同。叶片质厚，叶脉网状。

幼嫩叶片的颜色因品种不同而分为浅紫红、浅红、黄绿3色。其幼叶颜色与生长季节也有关系，春季气温低，幼叶颜色一般较重，而夏、秋季幼叶相对较浅；成龄叶深绿色，叶面光滑，叶背面颜色较浅且不及正面光滑。

（1）叶片着生方式。1年生枝条叶片多对生；旺盛的徒长枝上3

片叶多轮生，大小基本相同，也有9片叶轮生现象，每3片叶一组包围1个芽，其中，中间位叶较大，两侧叶较小；2年生及多年生枝条上的叶片生长不规则，多3~4片叶包围1芽轮生，芽较饱满。

（2）叶片的大小和重量。因品种、树龄、枝龄、栽培条件的不同而有差别。在同一枝条上，一般基部的叶片较小，呈倒卵形；中上部叶片大，呈披针形或长椭圆形。枝条中部的叶片最大、最厚，光合效能最强。叶片的颜色因季节和生长条件而变化。春天的嫩叶为铜绿色，成熟的叶片为绿色，衰老的叶片为黄色。肥水充足、长势旺盛的石榴树，叶片大而深绿；反之，土壤瘠薄、肥料不足、树势衰弱的树，则叶片小而薄，叶色发黄。在不同类型的枝条上，叶片也有差异，中长枝叶片的面积比短枝上叶片的要大。幼龄树、1年生枝叶片较大；老龄树和多年生枝上叶片较小。

叶片的重量：树冠外围的叶较重，树冠内部的叶较轻；1年生枝条的叶较重，2年生枝条的叶较轻；坐果大的叶较重，坐果小的叶较轻；坐果枝叶重，坐果枝对生的未坐果枝叶轻。石榴树主要是外围坐果，外围叶重，光合能力自然强，有利于果实增重；坐果大的叶片重及坐果枝叶片重与植物营养就近向生长库供应的生物特性有关，即保证生殖生长。所以应在栽培技术上采取措施，用来提高叶片质量，以期达到树体健壮、结果良好的目的。

（3）叶片的功能。春季石榴叶片从萌芽到展叶需10天左右，展叶后叶片逐渐生长、定型，大约需30天时间，生长旺盛期，这个时间大为缩短。叶片的生长速度受树体营养状况、水肥条件、叶片着生部位及生长季节影响很大。正常情况下，一般1片叶的功能期（春梢叶片）可达180天左右；夏、秋梢叶片的功能期相对缩短。

（三）开花结果习性

1. 开花习性

（1）花器构造及其开花动态。石榴花为子房下位的两性花（图3-3）。花器的最外一轮为花萼，花萼内壁上方着生花瓣，中下部排列着雄蕊，中间是雌蕊。

萼片一般5~8片，多数5~6片，联生于子房，肥厚宿存。石榴成熟时萼片有圆筒状、闭合状、喇叭状或萼片反卷紧贴果顶等几种方式，其色与果色近似，一般较淡。萼片形状是石榴品种分类的重要依据，同一品种萼片形状基本是固定的，但也有例外，即同一品种、同一株树由于坐果期早晚，萼片形状有多种，因坐果期早、中、晚，分为闭合、圆桶状和喇叭状3种。

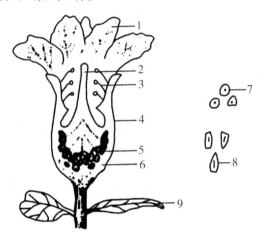

图3-3　石榴完全花的构造

1.花瓣　2.雌蕊　3.雄蕊　4.萼筒　5.心皮　6.花托　7.花粉粒　8.胚珠　9.托叶

花瓣有鲜红、乳白、浅紫红三基色；瓣质薄而有皱褶；普通品种花瓣与萼片数相同，一般5~8片，多数5~6片，在萼筒内壁呈覆瓦状着生；一些重瓣花品种的花瓣数多达23~84片，花药变花冠形的多达92~102片。

花冠内有雌蕊一个，居于花冠正中，花柱长10~12毫米，略高、同高或低于雄蕊；雌蕊初为红色或淡青色，成熟的柱头圆形具乳状突起，上有绒毛（图3-4~图3-6）。

图3-4　完全花

图 3-5　中间型花

图 3-6　败育花

雄蕊花丝多为红色或黄白色，成熟花药及花粉金黄色。花丝长为 5～10 毫米，着生在萼筒内壁上下，下部花丝较长，上部花丝较短。花药数因品种不同差别较大，一般 130～390 枚不等。石榴的花粉形态为圆球形或椭圆形（图 3-7～图 3-9）。

图 3-7　完全花纵剖面

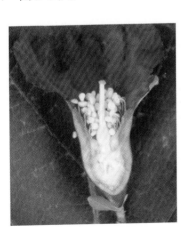

图 3-8　中间型花纵剖面

图 3-9　败育花纵剖面

花有败育现象，如果雌性败育其萼筒尾尖，雌蕊瘦小或无，明显低于雄蕊，不能完成正常的受精作用而凋落，俗称雄花、狂花。两性正常发育的花，其萼筒尾部明显膨大，雌蕊粗壮高于雄蕊或与雄蕊等高，条件正常时可以完成授粉受精作用而坐果，俗称完全花、雌花、果花（图3-10）。

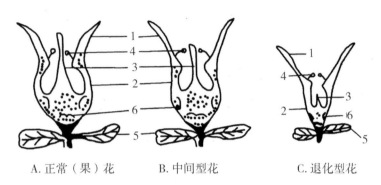

A. 正常（果）花　　　B. 中间型花　　　C. 退化型花

图3-10　石榴不同类型花的纵剖面
1. 萼片　2. 萼筒　3. 雌蕊　4. 雄蕊　5. 托叶　6. 心皮

不同品种其正常和败育花比例不同。有些品种总花量大，完全花比例亦高；有些品种总花量虽大，完全花比例却较低；而有些品种总花量虽较少，但完全花比例却较高，高达50.0%以上；有些品种总花量小，完全花比例也较低，只有15%左右。

同一品种花期前后其完全花和败育花比例不同，一般前期完全花比例高于后期，而盛花期（6月6~10日）完全花的比例又占花量的75%~85%。

石榴开花动态较复杂，一些特殊年份由于气候的影响并不完全遵循以上规律，有与之相反的现象，即前期败育花量大，中后期完全花量大；也有前期完全花量大，中期败育花量大，而到后期又出现完全花量大的现象。

影响开花动态的因素很多，除地理位置、地势、土壤状况、温度、雨水等自然因素外，就同一品种的内因而言，与树势强弱、树龄、着生部位、营养状况等有关。树势及母枝强壮的完全花率高；同一品种随着树龄的增大，其雌蕊退化现象愈加严重；生长在土质肥沃条件下的石榴树比生长在较差立地条件下的完全花率高；树冠上部比下部、外围比内膛完全花率高。

（2）花芽分化。花芽主要由上年生短枝的顶芽发育而成，多年生短枝的顶芽，甚至老茎上的隐芽也能发育成花芽。黄淮地区石榴花芽的形态分化从6月上旬开始，一直到翌年末花开放结束，历时2～10个月不等，既连续，又表现出3个高峰期，即当年的7月上旬、9月下旬和翌年的4月上、中旬。与之对应的花期也存在3个高峰期。头批花蕾由较早停止生长的春梢顶芽的中心花蕾组成，翌年5月上、中旬开花；第二批花蕾由夏梢顶芽的中心花蕾和头批花芽的腋花蕾组成，翌年5月下旬至6月上旬开花，这两批花结实较可靠，决定石榴的产量和质量；第三批花主要由秋梢于翌年4月上、中旬开始形态分化的顶生花蕾及头批花芽的侧花蕾和第二批花芽的腋花蕾组成，于6月中、下旬，迟则到7月中旬开完最后一批花，这批花因发育时间短、完全花比例低，果实也小，在生产上应加以适当控制。

花芽分化与温度的关系：花芽分化要求较高的温湿条件，其最适温度为月均温20℃±5℃。低温是花芽分化的限制因素，月均温低于10℃时，花芽分化逐渐减弱直至停止。

（3）花序类型。石榴花蕾着生方式为：在结果枝顶端着生1～9个花蕾不等，品种不同着生的花蕾数不同，其着生方式也多种多样（图3-11）。

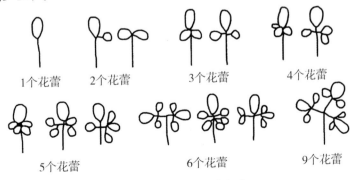

1个花蕾　　2个花蕾　　3个花蕾　　4个花蕾

5个花蕾　　6个花蕾　　9个花蕾

图3-11　花蕾在果枝顶端着生方式

7～9个花蕾的着生方式较多，但有一个共同点：即中间位蕾一般是两性完全花，发育得早且大多数成果；侧位蕾较小而凋萎，也有2～3个发育成果的，但果实较小（图3-12）。

（4）蕾期与花的开放时间。以单蕾绿豆粒大小可辨定为现蕾，现蕾至开花需5～12天，春季蕾期由于温度低，经历时间较长，可达

图3-12　花蕾着生方式

20～30天；簇生蕾、主位蕾比侧位蕾开花早，现蕾后随着花蕾增大，萼片开始分离，分离后3～5天花冠开放。花的开放一般在上午8时前后，从花瓣展开到完全凋萎不同品种经历时间有差别，一般品种需经2～4天，而重瓣花品种需经3～5天。石榴花的散粉时间一般在花瓣展开的第二天，当天并不散粉。

（5）授粉规律。石榴自花、异花都可授粉结果，以异花授粉结果为主。

1）自花授粉。自交结实率平均33.3%。品种不同，自交结实率不同。重瓣花品种结实率高达50%，一般品种结实率只有23.5%左右。

2）异花授粉。结实率平均83.9%，其中授以败育花花粉的结实率为81.0%；授以完全花花粉的结实率为85.4%。在异花授粉中，白花品种授以红花品种花粉的结实率为83.3%。完全花、败育花其花粉都具有受精能力，花粉发育都是正常的，不同品种间花粉也具有受精能力。

2. 结果习性

（1）结果母枝与结果枝。结果枝条多一强一弱对生，结果母枝一般为上年形成的营养枝，也有3～5年生的营养枝，营养枝向结果枝转化的过程，实质上也就是芽的转化过程，即由叶芽状态向花芽方面

转化。营养枝向结果枝转化的时间因营养枝的状态而有不同，需1～2年或当年即可完成，因在当年抽生新枝的二次枝上有开花坐果现象。徒长枝生长旺盛，分生数个营养枝，通过整形修剪等管理措施，使光照和营养发生

图3-13 枝条一强一弱对生

变化，部分营养枝的叶芽分化为混合芽，抽生结果枝而开花结果（图3-13）。

石榴在结果枝的顶端结果，结果枝在结果母枝上抽生，结果枝长1～30厘米，叶片2～20个，顶端形成花蕾1～9个。结果枝坐果后，果实高居枝顶，但开花后坐果与否，均不再延长。结果枝上的腋芽，顶端若坐果，当年一般不再萌发抽枝。结果枝叶片由于养分消耗多、衰老快，落叶较早（图3-14）。

果枝芽在冬春季比较饱满，春季抽生顶端开花坐果后，由于养分向花果集中，使得结果枝比对位营养枝粗壮。其在强（长）结果母枝和弱（短）结果母枝上抽生的结果枝数量比例不同。强（长）结果母枝上的结果枝比率平均为83.7%，明显高于弱（短）结果母枝上的结果枝比率16.3%，品种不同二者比例有所变化，但总的趋势相同（图3-14）。

图3-14 石榴的开花与结果状态

1.短营养枝抽生新梢 2.短结果母枝抽生结果枝 3.结果枝 4.新梢

（2）坐果率。石榴花期较长，花量大，花又分两性完全花和雌性败育花两种。败育花因不能完成正常受精作用而落花，两性完全花坐果率盛花前期（6月7日）和盛花后期（6月16日）不同，前期完全花比例高，坐果率亦高，为92.2%。随着花期推迟，完全花比例下降，坐果率也随着降低，为83.3%，趋势是先高后低。就石榴全部花计算，坐果率则较低，不同品种完全花比例不同，坐果率不同，为7%～45%。同一品种树龄不同坐果率不同，成龄树后，随着树龄的增大，正常花比例减少，退化花比例增大，其坐果率降低。

（3）果实的生长发育。

1）果实的生长。石榴果实由下位子房发育而成，成熟果实球形或扁圆形；皮为青、黄、红、黄白等色，有些品种果面有点状或块状果锈，而有些品种果面光洁；果底平坦或尖尾状或有环状突起，萼片肥厚宿存；果皮厚1～3毫米，富含单宁，不具食用价值，果皮内包裹着的众多籽粒分别聚居于多心室子房的胎座上，室与室之间以竖膜相隔；每果内有种子100～900粒，同一品种同株树上的不同果实，其子房室数不因坐果早晚、果实大小而有大的变化。

石榴从受精坐果到果实成熟采收的生长发育需要110～120天，果实发育大致可以分为幼果速生期（前期）、果实缓长期（中期）和采前稳长期（后期）3个阶段。幼果期出现在坐果后的5～6周时间内，此期果实膨大最快，体积增大迅速。果实缓长期出现在坐果后的6～9周时间，历时20天左右，此期果实膨大较慢，体积增长速度放缓。采前稳长期，亦即果实生长后期、着色期，出现在采收前6～7周时间内，此期果实膨大再次转快，体积增长稳定，较果实生长前期慢、中期快，果皮和籽粒颜色由浅变深达到本品种固有颜色。在果实整个发育过程中横径生长量始终大于纵径生长量，其生长规律与果实膨大规律相吻合，即前、中、后期为快、缓、较快。但果实发育前期纵径绝对值大于横径，而在果实发育后期及结束，横径绝对值大于纵径（图3-15）。

2）种子。种子即籽粒，呈多角体，食用部分为肥厚多汁的外种皮。成熟籽粒分乳白、紫红、鲜红色，由于其可溶性固形物含量

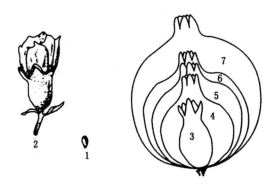

图3-15 石榴果实发育过程
1.3月下旬 2.5月中旬 3.5月下旬 4.6月上旬
5.7月中旬 6.8月中旬 7.9月上旬

有别，味分甜、酸甜、涩酸等；内种皮形成种核，有些品种种核坚硬（木质化），而有些品种种核硬度较低（革质化），成为可直接咀嚼的软籽类品种。籽粒一般在发育成熟后才具有食用价值，其可溶性固形物含量也由低到高。品种不同籽粒含仁率不同，一般为60%～90%。同一品种同株树坐果早的含仁率高，坐果晚的含仁率低。籽粒色泽比皮色色泽单调些（图3-16）。

图3-16 石榴籽粒色泽

（4）坐果早晚与经济产量和品质的关系。石榴花期自5月15日前后至7月中旬开花结束，经历了长达约60天的时间，在花期内坐果愈早果重、粒重、品质愈高，商品价值亦愈高；随坐果期推迟，果实、粒重变小，可溶性固形物含量降低，商品价值下降；而随着坐果期推迟，石榴皮变薄。

（5）果实的色泽发育。以石榴成熟时的色泽分为紫色、深红色、红色、蜡黄色、青色、白色等。果实鲜艳，果面光洁，果实的商品价值就高（图3-17、图3-18）。

图 3-17　果皮色泽（1）

图 3-18　果皮色泽（2）

决定果实色泽发育的色素主要有叶绿素、胡萝卜素、花青素以及黄酮素等。石榴果实的色泽随着果实的发育有三大变化：第一阶段，花期花瓣及子房为红色或白色，直至授粉受精后花瓣脱落，果实由红色或白色渐变为青色，需要2～3周；第二阶段，果皮青色，在幼果生长的中后期和果实缓长期；第三阶段，在7月下旬或8月上旬，因坐果期早晚有差别，开始着色，随着果实发育成熟，花青素增多，色泽发育为本品种固有特色。

树冠上部、阳面及果实向阳面着色早，树冠下部、内膛、阴面及果实背光面着色晚。

影响着色的因素有树体营养状况、光照、水分、温度等。果树徒长，氮肥使用量过大，营养生长特别旺盛则不利于着色；树冠内膛郁闭，透光率差影响着色；一般干燥地区着色好些，在较干旱的地方，灌水后上色较好；水分适宜时有利于光合作用进行，能使色素发育良好；昼夜温差大时有利于着色，石榴果实接近成熟的9月上、中旬着色最快，色泽变化明显，与温差大有显著关系。

（6）籽粒品质风味。软籽石榴风味大致可分为3类，即甜（含糖量10%以上，含酸量0.4%以下，糖酸比30∶1以上）；酸甜（含糖量

8%以上，含酸量0.4%以下，糖酸比30：1以下）；酸（含糖量6%以上，含酸量3%~4%，糖酸比2：1以上）。

（四）物候期

石榴在我国北方为落叶果树，明显地分为生长期和休眠期。从春季开始进入萌芽生长后，在整个生长季节都处于生长状态，表现为营养生长和生殖生长两个方面。到冬季为适应低温和不利的环境条件，树体落叶处于休眠状态，为休眠期。我国黄淮地区，石榴的物候期为：

（1）根系活动期。吸收根在3月上、中旬（30厘米旬平均地温8.5℃）开始活动。4月上、中旬（30厘米旬平均地温14.8℃）新根大量发生，第一次新根生长高峰出现在5月中旬，第二次出现在6月下旬。

（2）萌芽、展叶期。3月下旬至4月上旬，旬平均气温11℃时开始萌芽，随着新芽萌动，嫩枝很快抽出叶片展开。

（3）初蕾期。4月下旬，花蕾如绿豆粒大小，旬平均气温14℃。

（4）初花期。5月15日前后，旬平均气温22.7℃左右。

（5）盛花期。5月25日至6月15日前后，历时20天，此期亦是坐果盛期，旬平均气温24~26℃。

（6）末花期。7月15日前后，旬平均气温29℃左右，开花基本结束，但就整个果园而言，直到果实成熟都可陆续见到花。

（7）果实生长期。5月下旬至9月中、下旬，旬平均气温18~24℃，果实生长期为120天左右。

（8）果熟期。9月中、下旬，旬平均气温18~19℃，因品种不同提前或错后。

（9）落叶期。11月上、中旬，旬平均气温11℃左右。

石榴地上部生长在旬平均气温稳定通过11℃时开始或停止。年生长期为210天左右，休眠期为150天左右。

石榴物候期因栽培地区、不同年份及品种习性的差异而不同，气温是影响物候期的主要因素。我国南方的石榴萌芽早、果实成熟早，落叶迟；而在北方则正好相反，因此各产地物候期也不同（表3-1）。

表 3-1　不同产地物候期比较

产地	萌芽期	始花期	成熟期	落叶期
河南开封	3月下旬	5月中旬	9月中、下旬	10月下旬至11月上旬
山东枣庄	3月下旬	5月中旬	9月中、下旬	10月下旬
陕西临潼	3月下旬	5月中旬	9月中、下旬	10月下旬
安徽怀远	3月中旬	5月上旬	9月中、下旬	10月底
四川会理	2月上旬	3月上、中旬	7月下、8月上旬	11月下旬
云南蒙自	2月上旬	3月上、中旬	7月下旬	12月下旬

四、 软籽石榴优质丰产的生态条件

石榴树生长发育的必需要素有土壤、光照、水分、温度、空气等，而风、地形、地势、昆虫、鸟类、菌类及大气成分对石榴树生长发育也有间接影响。因此，有必要了解各种因素对石榴树生长发育的影响，从而最大限度地满足其生长所需，达到石榴稳产、高产、优质的目的。

1. 土壤

土壤是石榴树生长的基础。土壤的质地、厚度、温度、透气性、水分、酸碱度、有机质、微生物系统等，对石榴树地下地上部生长发育有着直接的影响。生长在沙壤土上的石榴树，由于土壤疏松、透气性好、微生物活跃，故根系发达，植株健壮，根深、枝壮、叶茂、花期长、结果多。但生长在黏重土壤或下层有砾石层分布而上层土层浅薄，以及河道沙滩土壤肥力贫瘠处的植株，由于透气不良或土壤保水肥、供水肥能力差，导致植株生长缓慢、矮小，根幅、冠幅小，结果量少，果实小、产量低，抗逆能力差。石榴树对土壤酸碱度的要求不太严格，pH值在4~8.5之间均可正常生长，但以pH值为7±0.5的中性和微酸偏碱性土壤中生长最适宜。土壤含盐量与石榴冻害有一定相关性，重盐碱区的石榴树应特别注意防冻。石榴树对自然的适应能力较强，在多种土壤上（棕壤、黄壤、灰化红壤、褐土、褐墡土、潮土、沙壤土、沙土等）均可健壮生长，对土壤选择要求不严，以沙壤土最佳。

2. 光照

石榴树是喜光植物，在年生长发育过程中，特别是石榴果实的生长中后期、着色期，光照尤为重要。

光是石榴树进行光合作用、制造有机养分必不可少的能源，是石榴树赖以生存的必要条件之一。光合作用的主要场所是富含叶绿素的绿色石榴叶片，此外是枝、茎、裸露的根、花果等绿色部分，因此生产上保证石榴树的绿色面积很重要。而光照条件的好坏，决定光合产物的多少，直接影响石榴树各器官生长的好坏和产量的高低。光照条件又因不同地区、不同海拔高度和不同的坡向而有差异。此外石榴树的树体结构、叶幕层厚薄与栽植距离、修剪水平有关。一般光照量在我国由南向北随纬度的增加逐渐增多；在山地，从山下往山上随海拔高度的增加而加强，并且紫外线增加，有利于石榴的着色；从坡向看，阳坡比阴坡光照好；石榴树的枝条太密、叶幕层太厚，光照差；石榴树栽植过密，光照差，栽植过稀，光照利用率低。

石榴果实的着色除与品种特性有关外，与光照条件也有很大关系。阳坡果实着色好于阴坡；树冠南边向阳面及树冠外围果实着色好。

栽培上要满足石榴树对光照的要求，在适宜栽植地区栽植是基本条件，而合理密植、适当整形修剪、防治病虫害、培养健壮树体则是关键。我国石榴栽培区年日照时数的分布是东南少而西北多，从东南向西北增加。大致秦岭淮河以北和青藏、云贵高原东坡以西的高原地区都在2 200～2 700小时；银川、西宁、拉萨一线西北地区，年日照时数普遍在3 000小时以上，其中南疆东部、甘肃西北部和柴达木盆地在3 200小时以上，局部地区甚至可以超过3 300～3 500小时，是日照最多的产区；淮河秦岭以南、昆明以东地区，除了台湾中西部、海南岛尚可达2 000～2 600小时外，年日照时数均少于2 200小时，是日照较少的产区，其中西起云南、青藏高原东坡，东至东经115°左右，广州、南宁一线以北，西安、武汉一线以南地区，年日照时数少于1 800小时；四川盆地、贵州北部和东部是少日照区的中心，年日照时数不到1 400小时；渝东南、黔西北、鄂西南交界地区年日照时数少于1 000～1 200小时。全国各地石榴产区的年日照时数基本可满足石榴年生长发育对光照的需求。

9月是石榴成熟的季节，光照情况直接影响石榴的着色和品质。不同地区日照情况大致为：四川盆地、重庆、贵州、云南东部、陇东南、陕南、鄂西、湘西地区，当月平均日照时数少于140小时，个别地区甚至少于60小时，即日照每天不足2小时，对石榴成熟影响严重，由于阴雨寡照，后期果实病害较多；华南沿海220小时以上，江浙沿海200小时上下；秦岭、淮河一线以北，天津、石家庄、太原、西宁以南为200～240小时。9月日照平均在200小时以上地区除个别阴雨年份外，可以满足石榴成熟对光照的需求。

3. 温度

影响石榴树生长发育的温度，主要表现在空气温度和土壤温度两个方面，温度直接影响着石榴树的水平和垂直分布。石榴属喜温树种，喜温畏寒。据观察，石榴树在旬气温10℃左右时树液流动；11℃时萌芽、抽枝、展叶；在日气温24～26℃时授粉受精良好；在气温18～26℃时适合果实生长和种子发育；在日气温18～21℃且昼夜温差大时，有助于石榴籽粒糖分积累；当旬平均气温11℃时落叶，地上部进入休眠期。气候正常年份地上部可忍耐-13℃的低温；气候反常年份，-9℃即可导致地上部干、枝部分出现冻害。

由于地温周年变化幅度小，表现为冬季降温晚、春季升温早，所以在北方落叶果树区，石榴树根系活动周期比地上器官长，即根系的活动春季早于地上部，而秋季则晚于地上部。生长在亚热带生态条件下的石榴树，改变了落叶果树的习性，即落叶和萌芽年生长期内无明显的界限，地上和地下部生长基本上无停止生长期。

石榴从现蕾至果实成熟需≥10℃的有效积温在2 000℃以上，年生长期内需≥10℃的有效积温在3 000℃以上。在我国石榴分布区石榴年生长期内≥10℃的积温分布：北起华北平原、渭河河谷，南至北纬32°左右的江淮之间、大巴山脉，≥10℃的积温均在4 000～5 000℃；北纬26°～32°地区积温为5 000～6 000℃；北纬26°以南的岭南地区以及云南中南部地区积温达到6 000～8 000℃；雷州半岛、海南岛和台湾中南部地区≥10℃积温高于8 000℃。各产区温度完全可以满足石榴树年生长发育需要。

4.水分

水是植物体的组成部分。石榴树根、茎、叶、花、果的发育均离不开水分，其各器官含水量分别为：果实80%～90%，籽粒66.5%～83.0%，嫩枝65.4%，硬枝53.0%，叶片65.9%～66.8%。

水直接参与石榴树体内各种物质的合成和转化，也是维持细胞膨压、溶解土壤矿质营养、平衡树体温度不可替代的重要因子。

水分不足和过多都会对石榴树产生不良影响。水分不足，大气湿度小，空气干燥，会使光合作用降低，叶片因细胞失水而凋萎。据测定，当土壤含水量为12%～20%时有利于花芽形成、开花坐果及控制幼树秋季旺长促进枝条成熟；当土壤含水量为20.9%～28.0%时有利于营养生长；当土壤含水量为23%～28%时有利于石榴树安全越冬。石榴树属于抗旱能力较强的树种之一，但干旱仍是影响其正常生长发育的重要原因。在黄土丘陵区以及沙区生长的石榴树，由于无灌溉条件，生长缓慢，比同龄的有灌溉条件的石榴树明显矮小，很易形成"小老树"。水分不足除对树体营养生长有影响外，对其生殖生长的花芽分化、现蕾开花及坐果和果实膨大都有明显的不利影响。据测定，当30厘米土壤含水量为5%时，石榴幼树出现暂时萎蔫，含水量降至3%以下时，则出现永久萎蔫。反之，水分过多，日照不足，光合作用效率显著降低，特别当花期遇雨或连阴雨天气，树体自身开花散粉受影响；而外界因素的昆虫活动受阻、花粉被雨水淋湿、风力无法传播，对坐果影响明显。在果实生长后期遇阴雨天气时，由于光合产物积累少，果实膨大受阻，并影响着色。但当后期天气晴好、光照充足、土壤含水量相对较低时，突然降水和灌水又极易造成裂果。

在我国，石榴分布在年降水量为55～1 600毫米且降水量大部分集中在7～9月的雨季的地区，多数地区干旱是制约石榴丰产稳产的主要因素。

石榴树对水涝反应也较敏感，果园积水时间较长或土壤长期处于水饱和状态，会对石榴树正常生长造成严重影响。生长期连续积水4天，叶片发黄脱落；连续积水超过8天，植株死亡。石榴树在受水涝之后，由于土壤氧气减少，根系的呼吸作用受到抑制，会导致叶片变色枯萎、根系腐烂、树枝干枯、树皮变黑，乃至全树干枯死亡。

水分多少除直接影响石榴树的生命活动外，还对土壤温度、大气温度、土壤酸碱度、有害盐类浓度、微生物活动状况产生影响，从而对石榴树产生间接影响。

5. 风

通过风促进空气中二氧化碳和氧气的流动，可维持石榴园内二氧化碳和氧气的正常浓度，有利于光合、呼吸作用的进行。一般的微风、小风可改变林间湿度、温度，调节小气候，提高光合作用和蒸腾效率，解除辐射、霜冻的威胁，有利于生长、开花、授粉和果实发育。所以，风对果实生长有密切关系。但风级过大易形成灾害，对石榴树的生长又是不利的。

6. 地势、坡度和坡向

石榴树垂直分布范围较大，从平原地区的海拔一二十米，到山地2 000米不等。在四川攀枝花、会理，云南蒙自、巧家等处山地，石榴分布在柑橘、梨、苹果等落叶果树之间。云南蒙自以海拔1 300～1 400米处栽培石榴最多；四川攀枝花市石榴最适宜栽培区在海拔1 500米处；四川会理、云南会泽在海拔1 800～2 000米地带都有石榴分布；重庆市巫山和奉节地区石榴多分布在海拔600～1 000米处；陕西临潼石榴分布在海拔150～800米，以400～600米的骊山北麓坡、台地和山前洪积扇区的沙石滩最多；山东峄城石榴多分布在海拔200米左右的山坡上；安徽怀远石榴生长在海拔50～150米处；河南开封石榴生长的平原农区，海拔也只有70米；华东平原的吴县海拔仅有一二十米。

地势、坡度和坡向的变化常常引起生态因子的变化从而影响石榴树生长。就自然条件的变化规律而言，一般随海拔增高而温度有规律地下降，空气中的二氧化碳浓度变稀薄，光照强度和紫外线强度增强。雨量在一定范围内随高度上升而增加。但随垂直高度的增加，坡度增大，植物覆盖程度变差，土壤被冲刷侵蚀程度较为严重。自然条件的变化有些对石榴树的生长是有利的，而有些则是不利的，不利因素为多，石榴树在山地就没有平原区生长得好，但在一定范围内随海拔高度的增加，石榴的着色、籽粒品质明显优于低海拔地区。

坡度的大小，对石榴树的生长也有影响。随着坡度的增大，土壤的含水量减少，冲刷程度严重，土壤肥力低、干旱，易形成"小老树"，产量、品质都不佳。坡向对坡地的土壤温度、土壤水分有很大影响，南坡日照时间长，所获得的散射辐射也比水平面多，小气候温暖，物候期开始较早，石榴果实品质也好。但南坡因温度较高，融雪和解冻都较早，蒸发量大，易干旱。

自然条件对石榴树生长发育的影响，是各种自然因子综合作用的结果。各因子间相互联系、相互影响和相互制约着，在一定条件下，某一因子可能起主导作用，而其他因子处于次要地位。因此，建园前必须把握当地自然条件和主要矛盾，有针对性地制定相应技术措施，以解决关键问题为主，解决次要问题为辅，使外界自然条件的综合影响，有利于石榴树的生长和结果。

五、 科学繁殖软籽石榴良种

石榴的繁殖分为有性繁殖和无性繁殖。有性繁殖即利用种子进行繁殖，又叫实生繁殖，石榴种子发芽能力较强，所获得实生苗变异较大，品种优良特性不易保存，作为新品种培育是有利的，而生产上繁育推广良种一般不采用。生产上一般采用扦插、分株、压条、嫁接等无性繁殖方法繁殖良种，无性繁殖的最大好处是可以保持品种的优良特性。

（一）扦插繁殖

石榴具有无性繁殖力极强的生物学特性。在苗木繁殖方法上，主要采用硬枝扦插法繁殖良种。

1.圃地选择与规划

（1）圃地选择。培育优质壮苗选择理想苗圃地，应具备以下条件。

1）地势平坦、交通方便。苗圃地应选在地势平坦的地块，在平原地势低洼、排水不畅的地块不宜育苗。而交通方便有利于物质和苗木调运。

2）土壤肥沃。苗圃地要求土层深厚肥沃（山地苗圃土层要在50厘米以上）、质地疏松，pH值为7.5～8.5（南方为6.5～7.0）的壤土、沙壤土或轻黏土为宜。

3）水源方便，无风沙危害。应有完善的排灌条件，背风向阳有风障挡护以防冬春两季风沙危害。在我国北方，4～6月春旱阶段，正处于插穗愈伤组织形成、生根、发芽需水的关键时期，水分供应是育苗成败的关键。

4）无危险性病虫。苗圃地选在无危险性病虫源的地块上，如有为害苗木严重的地老虎、蛴螬、石榴茎窗蛾、干腐病等，育苗前必须采取有效措施进行预防。

（2）苗圃地规划。规划设计内容有作业区划分，其中苗木繁育占地95%、防护林占地3%、道路占地1%、排灌系统占地1%及基本建设等。

（3）整地与施肥。苗圃地要利用机械或畜力平整土地，在秋末冬初进行深耕，其深度为50厘米左右，深耕后敞垄越冬，以便土壤风化，并利用冬季低温冻死地下越冬害虫。第二年2月末3月初将地耙平，每亩施入优质农家肥5立方米左右，约5 000千克，磷肥50千克。然后浅耕25～30厘米，细耙以待做床，浅耕和浅施基肥在石榴育苗技术中是一个非常有效的措施，因为1年生苗木的大部分根系分布在距地表20～30厘米的土层中，浅施肥可以使根系充分吸收表层土壤养分，促进苗木健壮生长。

石榴扦插繁殖一般采用农膜覆盖的育苗方法，苗床宽1.8米，长10～20米（山地、丘陵因地制宜），畦埂宽0.2米，高0.15米左右。平床育苗，便于浇水，可提高发芽和成活率。

2. 插穗准备与延长苗木年生长时间的方法

（1）插穗准备。

1）采条。采条季节为母树落叶后至树液流动前，北方地区为11月中旬至翌年3月上旬，最好在11月中旬至12月中旬，防冬季冻害；南方地区为12月至翌年1月。剪采母树上的一、二年生根蘖条及树冠内的徒长枝，选择健壮无病虫枝条作种条。

2）剪穗。剪截插穗时既要保证苗木成活生长，又要做到不浪费种条。插穗长度以15～20厘米为宜，农膜覆盖育苗的插穗以长度12～15厘米、径粗0.75～1.25厘米为宜。为防止扦插时插穗上下倒置，插穗剪口要上平下斜以区别极性。上剪口下应有1～2个饱满芽，以保证有效发芽。

由种条上中下不同部位剪取插穗繁殖的苗木生长有一定差异。剪取种条中部插穗繁殖的苗木生长最好，其次是梢部和基部。

在插穗剪截操作过程中，要按种条不同部位剪穗堆放，然后再按粗度分级直至分区和分畦育苗，以缓解苗木个体生长竞争分化以强凌弱，达到苗木出圃整齐一致的目的。

（2）插穗处理。冬季和早春对插穗进行催根、催芽处理，目的是使插穗伤口提前愈合、生根、发芽，出苗整齐，提高出圃率。催根、催芽方法，冬季有沙藏、窖藏、畜粪催根3种，早春有阳畦营养钵育苗、农膜覆盖育苗和生根粉浸穗3种。不论哪种催根、催芽方法，其地址都应选择在背风向阳、地势高燥、排水良好、地下水位2米以下的地方。土壤以沙土为好，以利于取穗备插时不损坏根芽及愈伤组织。

1）沙藏法。挖宽1米、深0.7米，长度随插穗多少而定的沙藏沟，然后把插穗混沙散放在沙藏沟内，沙穗厚50厘米，每隔1米间距竖草把一束，以便通气。最后在沟壕上填土，应超出地表30厘米，呈屋脊形。沿沟壕长度两侧各开浅沟一条，以利于排水，防止雨、雪水渗入造成湿度过大插穗霉烂。沙藏至3月上、中旬取出育苗。

2）改良窖藏法。挖深1.5米、宽2.0～2.5米、长4～5米的坑窖，坑底中间用砖砌一条宽20厘米、高30厘米的纵直步道。窖室筑成后，将插穗掺沙竖立排放在窖底1～2层，然后覆沙土厚5厘米，窖顶用直径5～10厘米的木棍搭成纵横交错的支架，盖草秸厚50厘米左右，呈屋脊形。窖温保持在12～15℃，插穗已发芽或形成根源组织时移栽。移栽时间为4月初，以阴天为好，移栽后用土封埋幼芽，待晚霜结束后扒除封土。

3）畜粪催根。挖深50厘米、宽2米、长3～4米或直径3～4米的贮藏坑。坑底中央留50厘米宽的土埂，作取放插穗的步道。藏坑筑好后，将插穗掺沙散放于坑内，厚度20～30厘米，填沙土与地表平，再堆放畜粪厚50～80厘米。催芽至4月上旬育苗，栽植方法同窖藏。

4）营养钵阳畦催芽。催芽时间于早春2月上旬进行，是培育1年生大苗的有效措施。挖深30厘米、宽1.5～2米、长5～10米东西行向的阳畦，坑土堆放在坑北侧，堆筑宽40厘米、高70厘米的土墙，两端再筑北高南低的土墙。

营养钵有自行土制和工业塑料钵两种,为钵长15厘米、直径8~10厘米的圆柱体。营养土按腐熟畜粪、沙土、淤土1:5:4的比例混合而成。装钵时,将插穗放入钵中央加土捣实而成。泥制营养钵加大淤土和水比例团捏而成。然后将营养钵竖直排放在坑底,其上覆厚2厘米左右的沙土,随即喷水,在斜面拱棚架上覆盖农膜,压实。催芽至4月上旬移栽。

5)吲哚丁酸(IBA)浸穗。用500毫克/升吲哚丁酸浸根,然后扦插在沙中,保持间歇喷雾条件,其生根率、生根数量、平均根长分别为76.1%、40.12条、5.15厘米,生根插条全部成活。硬枝插条优于半硬枝插条。

3. 育苗密度

适宜的育苗密度是保证苗壮、苗匀和出圃率的关键,综合苗木生长、出圃率分析,育苗株行距以20厘米×50厘米或20厘米×40厘米为宜。

4. 育苗时间与方法

(1)育苗时间。根据石榴的物候和冻土状况,黄淮地区的育苗时间为11月下旬至12月中旬及春季2月下旬至3月,云南、四川为1月。育苗成活率最高时期为3月,最迟不能晚于4月上旬。秋季(9~10月)宜于插穗发芽,但不生根,故不是常规的育苗季节。

(2)育苗方法。

1)露地育苗。在已做好的床面上,用自制的木质"T"形划行器划行打线。用铁锹沿行线垂直插入土中,再向两侧掀动,开出"V"形定植沟,沟深20厘米左右。然后将插穗按一定株距插入沟中覆土踏实,覆土厚1~2厘米。注意扦插时插穗上下不要倒置。扦插经催根催芽处理的插穗时,应尽量不要损坏愈伤组织和根芽,保证催芽效果。插后浇水,使插穗与土壤密结。适宜中耕时松土保墒以待幼苗出土(图5-1)。

2)农膜覆盖育苗法。特别适宜在我国北方干旱地区使用,方法是:先在平整好的苗床上压农膜,然后用铁制扦插器按株行距在膜床上打好孔(孔径稍大于插穗,深度稍小于穗长),再放入插穗即成,

图 5-1　露地育苗

地表以上露出插穗1厘米左右。农膜覆盖育苗法除节省种条外，较露地提高苗床地温2.3～3.0 ℃，土壤含水率提高2.18％。土壤湿度的保持和温度的提高，减少了插穗水分的散失，可有效促进插穗愈伤组织的形成和生根发芽。因此农膜覆盖比露地出苗早、出苗齐、出苗率高，后期生长苗木健壮，出圃率也高（图 5-2）。

图 5-2　农膜覆盖育苗

（3）苗期管理。石榴扦插苗的年生育期，大致可分为依靠插穗本身养分进行愈伤组织形成和生根发芽的自养期，即扦插后40~60天内，时间约在5月上旬前；生长初期，5月中旬至6月上旬；速生长期，6月中旬至8月中旬；生长后期，8月下旬至9月上旬。9月中旬封顶停止生长，10月中旬叶片开始变黄，11月初开始落叶进入休眠期，年生育期为182天左右。以苗高净生长量计算，生长初期占年生长总量的21.9%，速生期占70%，生长后期仅占8.1%。苗木管理要随各时期不同生育特点采取相应的措施。

自养期正处于我国北方的春旱季节，插穗还没有生根，管理以保持土壤湿润为主。

生长初期的管理应以松土除草、保墒增温为主，一般松土除草2~3次。土壤干旱应及时浇水，浇后随即松土保墒。地下害虫有地老虎、蛴螬、蝼蛄，食叶害虫有棉蚜等，应注意防治。

加强苗木速生期的肥水管理是获得壮苗的关键。此时是我国北方的雨季，气温高、雨水充沛、湿度大，是苗木生长的最适时期。从6月下旬开始每隔10天每亩沟施尿素7千克左右，叶面可喷洒浓度为0.2%的磷酸二氢钾液1~2次补充营养。此时期注意防治石榴茎窗蛾、黄刺蛾、大袋蛾等害虫。

在生长后期，于8月下旬断肥，9月末断水，土壤上冻前浇封冻水1次。

（4）苗木出圃。在苗木落叶后、出圃前进行产苗量调查，以确定销售及建园计划。

1）出圃时间。苗木出圃时间与建园季节一致，即冬季为落叶后土壤封冻前的11月上旬至12月，春季土壤解冻后树体芽萌动前的2月下旬至3月下旬。

2）掘苗方法。根据苗木根系水平和垂直分布范围，确定掘苗沟的宽度和深度。一般顺苗木行向一侧开挖宽深各30厘米的沟壕，然后用铁锨在苗行另一侧（距苗干约25厘米处）垂直下切，将苗掘下。在掘苗过程中，注意不要撕裂侧根和苗干。掘苗后，每株苗选留健壮干1~3个，剪除多余的细弱干及病虫枝干。

3）苗木分级。苗木出圃后，按照苗木不同苗龄、高度、地径、根系状况进行分级。国家林业行业标准《石榴苗木培育技术规程》（LY/T1893—2010），发布的石榴苗木分级标准见表5-1。

表5-1　苗木地方分级标准

苗龄	等级	苗高（厘米）	地径（厘米）	侧根条数	侧根长度（厘米）
1年生	一	≥85	≥0.8	≥6	≥20
	二	65～84	0.6～0.79	4～5	15～19
	三	50～64	0.4～0.59	2～3	<15
2年生	一	≥100	≥1.0	≥10	≥25
	二	85～99	0.8～0.99	8～9	20～24
	三	60～84	0.6～0.79	6～7	<20

4）苗木假植。苗木经修剪、分级后，若不能及时栽植，要就地按品种、苗龄分级假植，假植地应选择在背风向阳、地势平坦高燥的地方。先从假植地块的南端开始开挖东西走向宽深各40厘米、长度为15～20米的假植沟，挖出的土堆放于沟的南侧。待第一条假植沟挖成后将苗木根北梢南稍倾斜排放于沟内。然后开挖第二条假植沟，其沟土翻入前假植沟内覆盖苗2/3高度，厚度为8～10厘米。如此反复，直至苗木假植完为止，假植好后要浇水1次。这种假植方法主要是为了防止冬季北风侵入假植沟内，以保护苗木不受冻害。在假植期要经常检查，一防受冻，二防苗木失水干死，三防发生霉烂。

（5）苗木检疫与包装运输。在苗木调运前，应向当地县以上植物检疫部门申请苗木检疫，苗木检疫的目的是保障石榴生产安全，防止毁灭性的病虫害传入新建园区，凭检疫证调运。

石榴种苗检疫的对象，国家没有明文规定，但根据国内各产区情况，应注意几种病虫的检疫，尽量避免传播。害虫为茎窗蛾、豹纹木蠹蛾，病害为干腐病。

苗木检疫样株提取后，逐株从苗梢向下至苗干检查茎窗蛾为害后留下的排粪孔和粪便残留物。用手指从根茎向上捏捏苗干（地径以上10厘米内）松软状况或粪便以发现豹纹木蠹蛾，然后解剖苗干提取它们的越冬幼虫或蛹。在现场用肉眼和放大镜观察苗木枝干的色泽，检查干腐病，若不能断定，可将苗木送实验室鉴定。

冬春季苗木调运过程中，要采取防冻保湿措施。苗木包装依据苗木大小，每50～100株1捆，将根部蘸泥浆后用麻袋或编织袋包捆苗根，每捆苗木上附记有品种、数量、苗龄、分级、产地、日期的标签两枚。苗木运输途中加盖篷布以防风吹日晒。苗木到达目的地后要及时假植。

（二）嫩枝繁殖

嫩枝繁殖又叫绿枝扦插，是在石榴生长季节，利用半木质化新枝进行扦插育苗，提高苗木繁殖系数的一种方法。扦插时间多在6月。嫩枝扦插采条、剪穗方法与硬枝扦插相同，其不同点是：插穗上部留叶1～2对，其余叶片全部摘除，插穗采下后要随即放入清水中或用湿布包好，尽快带到苗床扦插，防止萎蔫。苗床基质为沙质土，上架北高南低的荫棚，扦插后每天早晚各洒水1次，以保持苗床湿润；并做好地老虎、蝼蛄等地下害虫的防治和除草工作，待生根发芽后逐渐拆除遮盖物（图5-3）。

图5-3　嫩枝繁殖

（三）分株繁殖

分株繁殖又叫分根或分蘖繁殖，是利用母树基部表层根系上不定芽自然萌发的根蘖苗，与母树分离成为新植株的方法。分株繁殖是一种传统的苗木繁殖方法，因其繁殖数量少，只能成为苗木繁殖的补充方法，常在资源搜集和引种工作中采用。分株繁殖可采取人工干涉措施以增加产苗量，即每年落叶后，将母树周围表土挖开，露出根系，在1～3厘米粗的根系上间隔10～15厘米刻伤，施肥、浇水后覆土促使产生较多的根蘖苗；为使伤根愈合和促使根蘖苗发根，在7月扒开根系，将各分蘖株剪断脱离母树，再覆土加强管理，待落叶后起苗栽植。

（四）压条繁殖

压条繁殖是将母树上1～2年生枝条上部埋入土中，待生根后与母树分离成为新植株的繁殖方法。压条繁殖又可分为直立压条、水平压条两种方法。

1.直立压条

在距地表10厘米左右处将母树干茎基部萌条刻伤，然后培土20厘米厚，呈馒头状土堆，在生长期内要保持土壤湿度，冬春建园时，扒开土堆，将生根植株从根部以下剪断与母树分离，成为新的个体用于栽植（图5-4）。

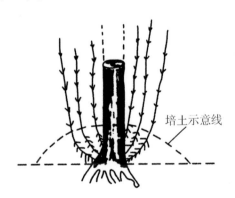

培土示意线

图5-4　根部培土直立压条法

2.水平压条

把树干近地面枝条剪去侧枝，呈弧形状埋入长50厘米（随枝条长度而定）、宽30厘米、深20～25厘米的沟内，枝条先端外露。然后填土踩实，为防止压条弹出坑外，可用木钩卡在坑内，保持土壤湿度。6月中旬压条开始发根，以后随根量增加，压条基部坑外部分逐渐萎缩变细，前部增粗发枝生长。于8月中旬从基部剪断与母树分离，成为新的植株。一般压枝一条，成苗一株，当欲压枝成苗数株时，再将其分段剪断分离成多个新植株（图5-5）。

图5-5　水平压条法

（五）嫁接繁殖

石榴嫁接繁殖常在杂交育种、园艺观赏、品种改良中应用。通过嫁接可使杂种后代提早开花结果、同一植株上有不同品种花果、提高观赏价值、将劣质品种改接为优良品种等。常用的嫁接方法有劈接和芽接。

1.劈接

劈接也叫小径劈接，适合培育嫁接苗和大树高接换种。近年来，为了解决"突尼斯软籽"品种抗寒性差的问题，利用我国原有的抗寒性强的石榴品种作砧木，高接"突尼斯软籽"品种，效果比较好（图5-6）。

嫁接时间为接穗发芽前的3月下旬至4月上旬，被嫁接的砧木可以发芽，但接穗不能发

图5-6　嫁接育苗

芽。操作要点：

（1）接穗采集保存。落叶后、上大冻前采集接穗，于背阴处挖坑，原枝打捆沙藏。

（2）削制接穗。剪取长4～6厘米、有1～2芽节、粗0.4～0.55厘米的枝条作接穗，用锋利的刨刀将接穗下端削成长2～3厘米、一边稍厚一边稍薄的楔形斜面。也可提前1个小时左右，将接穗削好，浸在0.3%的蔗糖水溶液或干净的河水或井水中，用时根据砧木粗细拣出适宜粗度的接穗。

（3）砧木剪切。选择健壮、无病虫为害的枝条作砧木，在直径0.8至数厘米处比较光直的地方截枝，要求剪口光滑、平齐。然后用劈接刀在砧木横断面正中间，上下垂直劈切2～3厘米长的切口。

（4）砧穗对接。将削好的接穗插入砧木的切口中，要求接穗削面（斜面）稍厚的一边与砧木切口一边的形成层对齐插紧，以利于切口愈合。

（5）绑缚砧穗。用拉力较强的尼龙草，将砧木切口以下部分缠严系紧。然后用农用薄膜，从接穗的上部由上向下将接穗至砧木切口的下段缠紧。薄膜条缠绕接穗部分时，只能缠一层。整个嫁接过程，要做到"快、准、稳"。

（6）接后管理。在接后4周左右即可确认接穗是否成活，接芽不能破膜时，用针锥将芽上的薄膜挑破，助芽破膜。当接芽抽生的新枝长至20厘米左右、基部木质化时，将裹缠接穗和砧木的薄膜全部及时去除。注意一定要去除干净，促进嫁接伤口愈合。解除缠绕的薄膜后需绑缚100～150厘米长的防护杆，将新发的接芽与砧木绑在一起，以免风折。

（7）注意事项。对幼树进行高接时，接位以110厘米以上为宜。一般3～5年生树，嫁接的砧木以15～20个为宜；10年生左右的成龄树，嫁接的砧木以30～40个为宜。

嫁接苗培育：以防寒为目的时，要求砧木嫁接口高度至少在110厘米以上。

大树高接换优：采用劈接法，进行大树高接换种、改劣换优，是品种更新、老园改造行之有效的方法，一般高接后第二年就有产量，第三年即可进入丰产期（图5-7）。

嫁接成活后要加强肥水管理及病虫害防治。

2. 芽接

在石榴嫁接繁殖中，芽接法较其他方法适用，具有节省接穗、技术简便、成活率高的优点。

图5-7　大树嫁接

芽接时间为7~8月。选择生长粗壮、无病虫害、根系发达的植株作砧木，采集1年生发育良好的枝条为接芽穗。嫁接时，在砧木2年生枝光滑无疤处用芽接刀先刻一横弧，再从横弧中点向下纵切一刀，长约2厘米左右，深达木质部，用刀尖将两边皮层剥开一点，以便插芽。再从接穗上切取带一个芽的长约2厘米的芽片迅速贴入砧木切口，用尼龙草等捆绑材料将芽片缠紧系好，露留芽苞，则完成了芽接的全部工序（图5-8）。品种改良和观赏树种，1株树上可以嫁接多个芽或多个品种；杂种后代的嫁接应严格选择枝位和部位。石榴

图5-8　"丁"字芽接法
1. 切芽　2. 芽片　3. 嵌芽　4. 用尼龙草捆绑

皮层薄，单宁含量高，影响嫁接成活率，因此在嫁接操作中，动作要快捷，使切口和芽片在空气中暴露时间最短，以提高成活率。嫁接后5天扭梢，10天解绳剪梢，成活的接芽即萌发生长。成龄树的嫁接，可到翌年2月末3月初解除捆绑的尼龙草并于接芽上方5厘米处剪去上部枝条，使接芽萌生形成新的树冠。接芽成活后，要注意及时抹除非接芽和防治病虫害，保证接芽健壮生长。

六、科学建立软籽石榴优质丰产园

（一）园地选择与规划

石榴树栽植前，对建园地点的选择、规划，对土地的加工改造和改良很重要，应做到合理规划、科学建园。

适宜栽树建园地点的选择，尤其要考虑石榴树种的生态适应性和气候、土壤、地势、植被等自然条件。我国北方石榴产区，冬季防冻害安全越冬是关键，不同的品种抗寒性不同，引种品种建园时，一定要考虑品种的适应性。根据我国北方石榴产区的分布特点，丘陵地区，以中上部坡地和丘陵上部台地为宜，而丘陵上部台地面积宽度不能超过500米，宽度超过500米后，由于小气候的影响，与平原区又近同，石榴树冬季也易受冻；如果在山地，应选择背风向阳的山前中下部坡地为好。

果园的规划，特别是大型石榴园要注意做好分区防护林、道路、排灌系统等的全面规划。

1. 小区规划

小区是石榴园中的基本单位，其大小因地形、地势、自然条件的不同而不同。山地诸因子复杂、变化大，小区面积一般为1.3～2.0公顷，利于水土保持和管理。丘陵区为2～3公顷，形状采用2∶1、5∶2或5∶3的长方形，以利于耕作和管理，但长边要与等高线走向平行并与等高线弯度相适应，以减少土壤冲刷。平地果园的地形、土壤等自然条件变化较小，小区面积以利于耕作和管理为原则，可定在3～6公顷。

2. 防护林的设置

为防止和减少风沙、干旱、严寒对石榴树造成的危害和侵袭而营造果园防护林，以达到降风速、减少土壤水分蒸发和土壤侵蚀（有林地较无林地土壤含水量高4.7%～6.14%）、保持水土、削弱寒流影响、调节温度的积极效果。

据研究，林带防护范围，迎风面的有效防护距离为树高的3倍，背风面为树高的15倍，两侧合计为树高的18倍。因此，林带有效防护距离为树高的18倍可作为设计林带间距的依据。

果园防护林根据设置位置，分山地果园防护林和平原沙地果园防护林。山地果园防护林主要为防止土壤冲刷，减少水土流失，涵养水源，一般由5～8行（灌木2行）组成，风大地区行数适当增加。林带距离依山势灵活而定，一般400～600米，带内株行距（1.0～1.5）米×（1.5～2.0）米，尽量利用分水岭、沟边栽植，行向能够挡风或起到使果园避风的作用。平原沙地栽植防护林主要是防风固沙，在建园前或建园时同时营造，主林带与本地区多风季节的风向垂直，采用防护效果好的疏透结构、矩形横断面林带，疏透度保持在0.3～0.4，带宽10～15米，植树3～6行，两侧边行内配置灌木，以提高防护效果，林带间距200～250米，副林带距离350米。

防护树种的选择要因地制宜，并考虑经济效益。平原沙区可选用速生树种，如杨、柳、槐、楝、椿等乔木树种，丘陵、山地易选用紫穗槐、花椒、荆条、酸枣等灌木树种。

3. 园内道路和排灌系统

为果园管理、运输和排灌方便，应根据需要设置宽度不同的道路，道路分主路、支路和小路3级。排灌系统包括干渠、支渠和园内灌水沟。道路和排灌系统的设计要合理，并与防护林带相互配合。原则是既方便得到最大利用率，又最经济地占用园地面积，节约利用土地。平原地区果园的排水问题如果能与灌水沟并用更好；如不能并用，要查明排水去向，单独安排排水系统。坡地果园的灌水渠道应与等高线一致，最好采用半填半挖式，可以排灌兼用，也可单独设排水沟，一般在果园的上部设0.6～1.0米宽深适度的拦水沟，直通自然沟，拦排山上泄下的洪水。

（二）园地准备与土壤改良

建园栽树前要特别重视园地加工改造，尤其山地丘陵要搞好水土保持，为果树创造一个适宜生长和方便管理的环境。先改土后栽树是栽好石榴树，提早进入丰产期取得持续高产、稳产、优质的基础。

1.山地园地准备

（1）等高梯地的修建。在坡度为5°～25°地带建园栽植石榴树时，宜修筑等高梯地。其优点是变坡地为平台地，减弱地表径流，可有效地控制水土流失，为耕作、施肥、排灌提供方便；同时梯地内能有效地加深土层，提高土壤水肥保持能力，使石榴树根系发育良好，树体健壮生长。

等高梯地由梯壁、边埂、梯地田面、内沟等构成。梯壁可分为石壁或土壁。以石块为材料砌筑的梯壁多砌成直壁式，或梯壁稍向内倾斜与地面成75°，即外噘嘴、里流水；以黏土为材料砌筑的梯壁多采用斜壁式，保持梯壁坡度为50°～65°，土壁表面要植草护坡，防水冲刷（图6-1）。

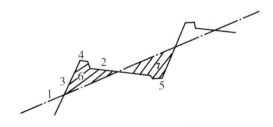

图6-1 梯地的结构断面
1.原坡面 2.田面 3.梯壁 4.边埂 5.内沟 6.填土区 7.取土区

修建梯地前，应先进行等高测量，根据等高线砌筑梯壁，要求壁基牢固，壁高适宜。一般壁基深1米、厚50厘米，筑壁的位置要充分考虑坡度、梯田宽度、壁高等因素，以梯田面积最大、最省工、填挖土量最小为原则。施工前，应在筑壁与削壁之间留一壁间，砌筑梯壁与坡上部取土填于下方并夯实同步进行，即边筑壁边填土，直至完成计划田面，并于田面内沿挖修较浅的排水沟（内沟），将挖出的土运至外沿筑成边埂。边埂宽度40～50厘米，高10～15厘米（图6-1）。石榴树栽于田面外侧的1/3处，既有利于果树根系生长，又有利于主枝伸展和通风透光。梯地田面的宽窄应以具体条件如坡度大小、施工难易、土壤的层次、肥性、破坏程度（破坏程度越小，土层熟土层越易保存，越有利于果树生长）等而定（图6-2）。

图6-2　梯地建园

　　（2）鱼鳞坑（单株梯田）。在陡坡或土壤中乱石较多又不宜修筑梯田的山坡上栽植石榴树，可采取修筑鱼鳞坑的形式。方法是按等高线以株距为间隔距离定出栽植点，并以此栽植点为中心，由上部取土，修成外高内低的半月形土台，土台外缘以石块或草皮堆砌，拦蓄水土，坑内栽植石榴树。修建时要依据坡度大小、土层厚薄，因地制宜，最好是大鱼鳞坑，外运好土栽石榴树。目前生产上推广应用的翼式鱼鳞坑由于两侧加了两翼，能充分利用天然降水，提高径流利用率，是山区、丘陵整地植树的好方法。一般鱼鳞坑长1.0米，中央宽1.0米，深0.7米，两翼各1.0米（图6-3）。

　　（3）等高撩壕。是在缓坡地带采用的一种简易水土保持措施栽植石榴树方式。做法是按等高线挖成横向浅沟，下沿堆土成壕，石榴树栽于壕外侧偏上部。由于壕土较厚，沟旁水分条件较好，有利于石

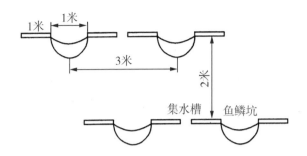

图 6-3　鱼鳞坑坑形与坡地设置

榴树的生长。

　　撩壕有削弱地表径流、蓄水保土、增加坡面利用率的作用，适于缓坡地带。一般坡度越大，壕距则越小，如5°坡壕距可为10米，10°坡壕距则为5～6米。撩壕可分年完成，也可1年完成。一般以先撩壕、后栽树为宜，必要时也可先栽树、后撩壕，但注意不要栽植过深，以免撩壕后埋土过深影响石榴树生长。

　　撩壕应随着等高线走向进行，比降可采用（1～3）/3 000，以利于排水。沟宽一般50～100厘米，沟深30～40厘米，沟底每隔一定距离做一小坝（称小坝壕或竹节沟）以蓄水保土。

　　水少时可全部在沟内，水多漫溢小坝，顺沟缓流，减少径流（图6-4）。

图 6-4　等高撩壕断面
1.壕坝　2.壕外坡　3.壕内坡　4.沟心　5.沟下壁　6.沟上壁　7.原坡面

2. 沙荒园地准备

沙荒地建园前首先要搞好平整土地，其次是改良土壤。其方法有引黄灌淤——在沿黄灌区都可采用此法。据测定，黄河携带泥沙肥分较高，每吨含氮1千克、磷1.5千克、钾20千克、有机质8.6千克，可有效地提高肥分。灌淤之后，再深翻改土，翻淤盖沙，使生土熟化，土沙混合，形成下淤上沙、保水保肥的"蒙金地"。在没有条件灌淤的沙荒地，可以采用"放树窝"的客土改良法，即于定植前，挖掘大穴，换入好土植树。还有一种方法是防风固沙，营造防护林，在成林前可以播种牧草或绿肥，如紫穗槐、苜蓿、草木樨、沙打旺等，水分条件好的沙地，可以栽植沙柳、柽柳、沙枣等，也可以建立沙障。对于盐碱地的改良，农、林、牧、水等技术措施要综合运用。其主要措施有营造防护林，灌淤压碱，沟渠台田，增施有机肥料，种植耐盐碱的绿肥苜蓿、紫穗槐、田菁、草木樨等。

3. 园地土壤改良

新建果园，特别是丘陵山地果园，通过深耕熟化改良土壤、加深土层、改善土壤结构和理化性能，为果树根系生长发育创造适宜环境非常重要。

生土熟化的主要措施是深翻（耕）与施肥。深翻可以使表土与心土交换位置，加深和改良耕作层，增加土壤空隙度，提高持水量，促进石榴树根系发育良好。熟化生土的肥料最好是用腐熟的有机肥和新鲜的绿肥，每亩2 500～5 000千克为宜。可集中施于定植穴附近使土壤先行熟化，以后再逐年扩大熟化范围。如能在坡改梯田之后、定植石榴树之前，种植两季绿肥，结合深耕翻入土壤之中则更为理想。深耕结合增施有机肥料可以加速土壤的熟化和改良过程，有利于提高定植成活率和促进石榴树的生长发育，对提前结果和后期丰产作用很大。

（三）栽植方法

1. 品种选择和配置

（1）品种选配原则。第一，要选栽优良软籽品种。我国各石榴产区都有许多优良品种，要优中选优并加以利用。新发展区在引种时要根据当地气候、地势、土壤及栽培目的、市场行情、风俗习惯等综合情况引进高产、优质、抗病虫、耐贮运品种。第二，石榴园的品种注意不要单一化，特别是较大型果园，还应考虑早、中、晚熟品种的搭配，以调节劳力，便于管理；并可调节市场供应时间，延长鲜果供应期，有利于销售。第三，考虑发展石榴生产的主要目的，以鲜果销售为主的发展鲜食品种，以加工为主的发展加工型（如酸石榴）品种，以旅游绿化为主的发展赏食兼用型品种，以花卉为主的发展观赏型品种。

（2）搭配方式。果园品种数量的配置以2～3个为宜。选择与主要栽培目的相近、综合性状优良、商品价值高的品种为主栽品种，另搭配1～2个其他类型的品种。

（3）授粉树的配置。石榴为雌雄同花，无论是败育花花粉，还是完全花花粉；无论是自交，还是杂交，均可以完成授粉受精作用。有些品种花粉量较小，但是配置花粉量大的品种可以提高坐果率。因此石榴园要避免品种单一化，授粉树如果综合性状很优良可以比例大些，反之小些。授粉品种和主栽品种可控制在1：（1～8）的比率。

2. 栽植密度

栽植密度的确定要做到既要发挥品种个体的生产潜力，又要有一个良好的群体结构，达到早期丰产、持续高产的目的。合理密植可以充分利用太阳能和经济利用土地，这是提高单位面积产量的有效措施。但不论从石榴树生长和经济核算以及光能利用上都应有一个合理密度的范围。

（1）不同肥力条件的密度。不同肥力条件对石榴树个体发育影响较大，如土层深厚、肥沃的土地，个体发育良好，树势强，树冠大，种植密度宜小；反之，种植密度应大些。不同肥力条件的密度见表6-1。

表6-1　不同肥力条件参考种植密度

肥力	行株距 （米×米）	单株营养面积 （平方米）	密度 （株/亩）
上等肥力	4×3	12	55
	5×4	20	33
中等肥力	4×2.5	10	66
	4×2	8	83
旱薄地	3×2	6	111
	3.5×2.5	7	95

（2）不同立地条件的种植密度。

1）果粮间作园。以粮食生产、防风固沙及水土保持为主要目的，株距一般为2~3米，行距为20~30米，丘陵山地梯田因坡地具体情况而定。这种间作形式因果树分散、管理粗放，产量较低，多以沙区防风林带主林带间的副林带出现。

2）庭院和"四旁"栽植。食用和观赏品种兼有，密度应灵活掌握。

（3）合理密植方式。根据定植密度的步骤，分为永久性密植和计划性密植两种（图6-5）。

图6-5　宽行密株（4米×1.5米）

1）永久性密植。根据气候、土壤肥力、管理水平与品种特性和生产潜力等情况，一步到位，定植时就将密度确定下来，中途不再变动。这种密植方法因考虑到后期树冠大小、郁闭程度，故密度不宜过大。由于前期树小，单位面积产量较低，但用苗量少，成本较低，且省工省时，低龄期树行间还可间种其他低杆作物。

2）计划密植。分两步到三步达到永久密植株数，解决了早期丰产性差的问题，按对加密株（干）的处理方式分间伐型和间移型两种。

间伐型：指在高密度定植后田间出现郁闭时，有计划地去除多余主干，使其成为规范的单干密植园。在管理上，一株树选留一主干培养成永久干，对永久干以外的主干，采用拉、压、造伤等措施，控长促花，促使早期结果，当与永久主干相矛盾时，适当回缩，逐步疏除。

间移型：指在定植时，有计划地在株间或行间增加栽植株数，分临时株（行）和永久株（行）。如建立一个株行距为2米×3米的单干密植园，计划成龄树株行距为4米×3米。对确定的永久株（行）和临时株（行）在管理上应有所区别。对临时株在保证树体生长健壮的基础上，多采取保花保果措施，使其早结果，以弥补幼园在早期的低产缺陷；对永久株，早期注意培养牢固的骨架和良好的树形，适时促花保果。当临时株与永久株生长矛盾时，视程度对其枝条进行适当回缩，让永久株逐步占据空间，渐次缩小至取消临时株。利用石榴树大树移栽易活的特点，待其在生长中的作用充分发挥后，可将临时株间移出去（图6-6）。

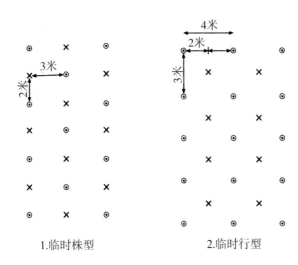

1.临时株型　　　　　　　2.临时行型

图6-6　石榴园计划密植栽培设计示意图
⊙永久株　×临时株

无论哪种计划密植栽培形式，定植后的管理都应严格区分永久株、临时株的栽培措施和目的，中途不要随意变更，以发挥其最大效益。

3. 栽植方式

国内石榴产区有长方形、三角形、等高式等栽植方式。可根据田块大小、地形地势、间作套种、田间管理、机械化操作等方面综合考虑选用，原则是既有利于通风透光、促进个体发育，又有利于密植、早产丰产。目前采用较多的有3种方式。

（1）长方形栽植。这种形式多用在平原农田，有利于通风透光，便于管理，适于间作和耕作管理，能满足石榴树生长要求，故此石榴树生长快、发育好、产量高。据研究，石榴树栽植行向，对产量有影响，南北行向更利于接受光照，优于东西行向。具体到一定地区，在考虑利于接受光照的同时，行向应和当地主风向平行。

（2）等高式栽植。这种形式主要用于丘陵、山地，栽植时行向沿等高线前进，一般株距变化不大，行距随坡度的大小而增减，随地形变化灵活掌握。在陡坡地带，当行距小于规定行距1/2时，则可隔去一段不栽，以免过密，营养面积小，导致枝条直立生长，造成结果不良。等高式栽植包括梯地栽植、鱼鳞坑式栽植和撩壕栽植等形式。

（3）单行栽植。多用于"四旁"。

4. 栽植时期

石榴苗木适宜栽植时期较长，自落叶期至翌年萌芽前均可进行，封冻期除外。若按季节划分，可分为秋植和春植两个时期。

秋植多在11月下旬至12月中旬落叶后，也有在落叶前的9～10月带叶栽植的。在不太寒冷的地方，秋栽成活率高，但冬季一定要落实防寒保护措施，主要分直立埋干法和匍匐埋干法。埋干高度：直立埋干法为苗高的2/3，匍匐埋干法以埋严枝干为宜。埋土时间应在当地早寒流到来之前，一般在落叶后期的11月中、下旬。来年3月上旬进行清土，注意不要伤及苗木。另外可采用涂白加缠塑料布条或绑草的办法，防冻效果较好。落叶后的秋栽时间要尽量提前。

黄淮地区的春植多在3月上、中旬至4月中旬，一般在土壤解冻后树苗萌芽前，愈早愈好。

石榴树也可夏季栽植，但必须遮阳，防止高温。由于蒸腾作用强，夏植苗木易枯萎，生产上意义不大，但可作为育苗的一种方法。

5. 一、二年生幼苗栽植

（1）苗木准备。栽植前应对苗木进行检查和质量分级。将弱小苗、畸形苗、伤口过多苗、病虫苗、根系不好苗、质量太差苗剔除，另行处理。要求入选苗木粗壮，芽饱满、皮色正常，具有一定的高度，根系完整，分等级栽植。当地育苗当地栽植的，随起苗随栽植最好。远地购入苗木不能及时栽植的要做临时性的假植。对失水苗木应立即浸根一昼夜，充分吸水后再行栽植或假植。

石榴苗木的栽植，分带干栽和平茬苗栽。平茬苗栽留干5～10厘米栽植，由于截掉枝干，减少了蒸腾，成活率提高，可达98%以上；相比同样条件，带干栽植成活率低于平茬苗。平茬苗的准备，随起苗随定植的，或提前起苗假植的，或长途运输的都可在起苗后立即进行。

（2）栽植方法。

1）挖坑。栽植坑一般是边长为50厘米的正方体，大苗坑适当再大些。坑土一律堆放在行向一侧，表土和心土分开堆放。

2）栽植方法。栽植时实行"三封两踩一提苗"的方法。即表土拌入肥料，取一半填入坑内，培成丘状，将苗放入坑内，使根系均匀分布在土丘上；然后将另一半掺肥表土培于根系附近，轻提一下苗后，踩实使根系与土粒密接；上部用心土拌入肥料继续填入，并再次踩实，填土接近地表时，使根茎高于地面5厘米左右，在苗木四周培土埂做成水盘。栽好后立即充分灌水，待水渗下后，苗木自然随土下沉，然后覆土保湿。最后要求苗木根茎与地面相齐，埋土过深或过浅都不利于石榴苗的成活生长。

6. 幼树移栽建园

一般指用三四年生幼树建园。

（1）幼树准备。起苗前先将树冠从大枝分枝以上20厘米左右处截去，并疏去过密枝、重叠枝、病虫枝。

起苗要保证根系完整，尽量少伤根，最好带土球，做到随刨随栽；也可于上年或生长季节提前在被挖幼树的四周，距树干约15～20厘米处开沟断根，但不掘起，待栽植季节再挖出就地栽植或运至异地栽植。

（2）栽植方法。栽植时，根据树苗大小，开挖的栽植穴要适当大些，大苗根系在穴内可以完全伸展开，带土球苗土球可以轻松地放入穴内。穴内提前施入农家肥，肥土掺匀。

裸根苗栽植，栽前要用配有合适比例生根粉的泥浆蘸根，有失水现象的浸根时间应在1~8小时以上，或更长时间，保证植株充分吸水；带土球苗栽植，栽前则不可浸水，以防土球破损而伤根，栽好后应立即用配制好的生根粉水，沿土球外沿浇灌，然后再充分浇水。

幼树栽植后，要及时充分浇透水，以后根据天气降水情况，7~10天浇1次水，保证水分供应，促进成活。苗木成活后，当年要及时疏除基部萌芽和树冠上多余的萌芽，促进树冠形成，并加强病虫害防治。

幼树建园当年可见果，但以保成活为主，结果为辅。第二年即可具有一定的经济产量。

7. 大树移栽建园

一般指移栽七八年生及以上的大树。

大树来源于计划密植间移的临时树，或需移换园址的优良品种，或新建的生态果园，希望尽快成园，以外地引进的大树定植。

（1）大树适时移栽方法。

1）被挖树准备。于移栽上一年的休眠期，在移栽树干以外20~30厘米处，挖宽25厘米左右、深60厘米左右的环形沟，将水平根截断，并用土将沟重新填平，目的是于断根处催生新根。

挖树前整理树冠：移栽前，将树冠部分截去，截干要求同大苗移栽。

挖树及土球整理：在原断根沟处开挖，取土一周，斩断下部生长的大根。土球挖好后，用起重机械或人工将树带土球移于坑外。对土球进行适当的整理，修剪去不规则的根，使土球呈上下底平的"中国腰鼓"形。

土球的大小：土球直径应为距地面50厘米处树干直径的5~8倍，如树干径粗10厘米，则土球直径应为50~80厘米；土球的高度为土球直径的2/3，土球底部直径为中部直径的1/3，土球上部直径为中部直径的2/3。

土球缠裹方法：将整理好的土球，用蒲包片围住或不围。开始用草绳缠裹，其具体方法：将双股草绳的一头拴在树干的基部，然后通过土球的上部斜向下绕过土球的底部，从土球的对面再绕上来，草绳每隔8~10厘米绕一圈，这样从上绕到下，再从下绕到上，围绕树干和土球底部反复缠绕，直至将整个土球包住。注意土球底部要交叉成十字形，缠绕的草绳要尽量缠紧牢固。草绳裹好后，要留一双股的草绳头拴绕在树干的基部，使草绳不至松散。最后在土球腰部密集缠绕草绳10~15圈，并在腰箍上用草绳上下斜穿一圈，打成花扣，将绳头拴紧以免横腰的草绳脱落。

带土球大树的运输与假植：异地栽植的，装车运输过程应防止土球松散、脱落、失水、断根，或其他伤害。运到栽植地应立即栽植。因故不能及时栽植的，需将树木两行为一排，株距以相互不影响为度，将土球培土1/3高，不可将土球盖严，以免草绳腐烂土球散开。

2）大树移栽时期。以秋、春季节为好，冬季不太冷、生长期长的地区，以秋栽效果好，时间在落叶后至土壤上冻前为宜；北方地区冬季严寒、多风少降水，则以春季栽植效果好，时间掌握在土壤解冻后至石榴树发芽前进行。

3）栽植方法。应先挖比土球大20~30厘米、比土球高度深20厘米左右的栽植穴，栽前在穴底施入5~10千克的农家肥，肥土掺匀。慢慢将树吊起再轻轻放入树穴内，然后分层填入表层熟土，并逐层踩实，注意不要踩碎原树所带土球。栽植的深度以与树干原来土壤印痕相平或略深为宜。

4）栽后管理。栽好后立即用配制好的生根粉水，沿土球外沿浇灌，然后再充分浇水；浇水后用塑料薄膜覆盖树盘，树干用草绳一圈紧贴一圈缠绕，减少树干水分蒸发。春季多风干旱，每7~10天浇1次水，促进成活。

移栽大树成活后，当年要及时疏除基部萌芽和树冠上多余的萌芽，促进树冠形成，并加强病虫害防治。

大树建园当年可见果，但以保成活为主，结果为辅。第二年即可形成一定的经济产量。

（2）大树反季节（夏季）移栽方法。移栽方法同大树适时移栽，但要注意3点：一是树冠要修剪得更彻底，树冠越小成活率越高。二是需要遮阳处理。三是采取滴灌措施，保证水分供应。

8. 埋条直插建园

（1）一条法。选择基部直径1厘米左右，长度80～100厘米以上的1年生枝条作建园材料备用。挖深30～50厘米、长宽各50～70厘米的定植坑，回填入15～25厘米厚的肥土，用脚踩实，将种条沿坑的一侧，斜放入坑内，全园方向一致，种条基部顶端放在坑的正中央。然后回填土至离地面10厘米左右，浇水，水渗完后用土封成中间土丘、四周水盘状，露出地面30厘米以上的种条梢部剪去，以防水分过多蒸腾散失。

（2）二条法。与一条法基本相同。不同的是将两根种条，按"倒八字"斜放于填入一半并踏实的坑内，两根种条的基部相接或相近，种条上部分别伸向相反的两个方向，全园一致。将来按"倒八字"整形。

（3）三条法。三条法是将3根种条基部相接或相近放在坑的中央，然后按种条之间平面夹角120°均匀分布于三个不同的方向，将来按"开心形"整形。

（4）四条法。四条法是在坑的正中央放一根下部环成圆圈的种条，上部垂直于坑底，其他3根按三条法均匀分布于坑内，以后管理按自然纺锤形整形。

（5）直插建园。按行距在定植行施肥、耕翻，制成70厘米左右宽的长畦，将种条剪成20～25厘米的插穗，按株距选用三条法或四条法，按45°～60°角进行扦插。四条法中间的一根插穗直插，但顶端需在周围3根插穗基部的正中间。插后顺畦浇水。

直插建园，因插穗短小，在当年生长期间，要加强施肥、浇水、中耕、锄草、防治病虫害等管理，不要间作高秆作物或秧蔓作物，要求直插枝条直径1米之内不种其他作物。直插建园有节省苗地、省去移栽程序、没有移栽缓苗期的优点，但是易出现缺苗现象，应注意及时补植。

9. 栽后管理

（1）水管理。定植后水分是提高成活率的关键，定植后无论土壤墒情好坏，都必须浇透水，此后因春季干旱少雨，必须勤浇水，保持土壤湿润。栽后在树干周围铺农用薄膜，既可保湿又可增温，是提高成活率的有效措施。

（2）肥料管理。定植当年，以提高成活率为主要目的，施肥可随时进行。如果定植前穴内施入足量农家肥，可不追肥；如果定植时树穴内没施肥或施肥量较小，成活后于7月适量少施速效氮、磷肥，或施用肥效较快的人畜粪肥。

（3）苗木的挽救与补栽。春季栽植萌芽后，及时检查成活情况，检查时用指甲或小刀切入未发芽苗木的韧皮部，如仍然发绿、失水不明显，表明仍然存活，有些是干枝不能发芽，但根茎仍然存活。对于到5月底仍不发芽的，于基部地上5～10厘米处截干并增加灌水，促芽萌动效果很好。新栽石榴树有时要经过雨季才能发芽，不发芽的不要急于除掉，可暂不补栽。确认不能发芽，或预防缺株的要及时补栽。生产上，分生长期补栽和休眠期补栽两个时期。生长期补栽，是在定植当年生长期内，用同龄的苗木带土移栽。为提高补栽成活率，可在建园的同时把备用同龄苗的根系包在盛满土的塑料袋内临时栽植在园地空闲之处，在6月前后，利用阴雨天，将临时树带塑料袋挖出，补在死苗的位置。栽前注意去掉塑料袋，补栽后注意短期内不能缺水，此法补栽成活率在98％以上。休眠期补栽，北方产区是在定植当年11月落叶后至12月，或来年3月上中旬进行；南方产区由于冬季气温较高，没有或少有冻害，落叶后可随时进行。为了保持果园树木生长一致，应采用同一品种苗龄大一年的树苗补栽，如当年春季栽植为一年生苗，到当年落叶后至翌年春应用二年生苗补栽。

苗木定植后还要注意中耕除草和病虫防治工作，特别是移植的大树，对短截的伤口应用福美胂，或其他杀菌剂，或接蜡、白漆涂抹伤口，以防病菌侵染而感病。

七、 软籽石榴土肥水及保花、
保果管理

本部分主要讨论软籽石榴园的土壤、肥料、水分及保花、保果管理。土肥水管理实际是对石榴树地下部分管理，其目的是创造适宜石榴树根系生长的良好环境。合理的土壤管理制度，能够改良土壤的理化性能，防止杂草蔓生，补偿水分的不足，促进微生物的活动，从而提高肥力，供给石榴树生长、发育所必需的营养。石榴树生长的强弱、产量的高低和果实品质的优劣，在很大程度上取决于地下部分土肥水管理的好坏或是否得当。保花、保果管理则是地上部分管理的重要内容。

（一）土壤管理

1.逐年扩穴和深翻改土

土壤，是石榴树生长的基础，根系吸收营养物质和水分都是通过土壤来进行的。土层的厚薄、土壤质地的好坏和肥力的高低，都直接影响着石榴树的生长发育，重视土壤改良，创造一个深、松、肥的土壤环境，是早果、丰产、稳产和优质的基本条件。

（1）扩穴。在幼树定植后几年内，随着树冠的扩大和根系的延伸，在石榴树定植穴根际外围进行深耕扩穴，挖深20～30厘米、宽40厘米的环形深翻带；树冠下根群区内，也要适度深翻、熟化。

（2）深翻。成年果园一般土壤坚实板结，根系已布满全园，为避免伤断大根及伤根过多，可在树冠外围进行条沟状或放射状沟深耕，也可采用隔株或隔行深耕，分年进行。

扩穴和深翻时间一般在落叶后、封冻前结合施基肥进行。其作用：①改善土壤理化性能，提高其肥力；②翻出越冬害虫，以便被鸟类食掉或在空气中冻死，降低害虫越冬基数，减轻翌年危害；③铲除浮根，促使根系下扎，提高植株的抗逆能力；④石榴树根蘖较多，消耗大量的水分养分，结合扩穴，修剪掉根蘖，使养分集中供应树体生长。

2. 果园间作及除草

（1）果园间作。幼龄果园株行间空隙地多，合理间作可以提高土地利用率，增加收益，以园养园。成年园种植覆盖作物或种植绿肥也属果园间作，但目的在于增加土壤有机质，提高土壤肥力。

果园间作的根本出发点是在考虑提高土地利用率的同时，要注意有利于果树的生长和早期丰产，且有利于提高土壤肥力。切莫"喧宾夺主"，只顾间作，不顾石榴树的生长需求。

石榴园可间种蔬菜、花生、豆科作物、薯类、禾谷类、中药材、绿肥等低秆作物，也可进行花卉育苗，但必须是低秆类型的。

石榴园不可间种高秆作物（如高粱、玉米等）和攀缘植物（如瓜类或其他藤本植物）；同时间作物应不具有与石榴树相同的病虫害或中间寄主。长期连作易造成某种作物病原菌在土壤中积存过多，对石榴树和间作物生长发育均不利，故宜行轮作和换茬。

总之，因地制宜地选择优良间作物和加强果、粮的管理，是获得果粮双丰收的重要条件之一。一般山地、丘陵、黄土坡地等土质瘠薄的果园，可间作耐旱、耐瘠薄等适应性强的作物，如谷子、麦类、豆类、薯类、绿肥作物等；平原沙地果园，可间作花生、薯类、麦类、绿肥等；城市郊区平地果园，一般土层厚、土质肥沃、肥水条件较好，除间作粮油作物外，可间作菜类和药类植物。间作形式一年一茬或一年两茬均可。为缓和间作物与石榴树的肥水矛盾，树行上应留出1米宽不间作的营养带。

（2）中耕除草。中耕除草是石榴园管理中一项经常性的工作。目的在于防止和减少在石榴树生长期间，杂草与果树争夺养分与水分，同时减少土壤水分蒸发，疏松土壤，改善土壤通气状况，促进土壤微生物活动，有利于难溶状态养分的分解，提高土壤肥力。在雨后或灌水后进行中耕，可防止土壤板结，增强蓄水、保水能力。因而在生长期要做到"有草必锄，雨后必锄，灌水后必锄"。

中耕锄草的次数应根据气候、土壤和杂草多少而定，一般全年可进行4～8次，有间作物的，结合间作物的管理进行。中耕深度以6～10厘米为宜，以除去杂草、切断土壤毛细管为度。树盘内的土壤应经常保持疏松无草状态（但可进行覆盖），树盘土壤只宜浅耕，过深易伤根系，对石榴树生长不利。

（3）除草剂的利用。为了省工和降低生产成本，可根据石榴园杂草种类使用除草剂，以消灭杂草。

化学除草剂的种类很多，性能各异，根据其对植物作用的方式，可分为灭生性除草剂和选择性除草剂。灭生性除草剂对所有植物都有毒性，如五氯酚钠、百草枯等，石榴园禁用。选择性除草剂是在一定剂量范围内，对一定类型或种属的植物有毒性，而对另一些类型或种属的植物无毒性或毒性很低，如扑草净、利谷隆等。所以使用除草剂前，必须首先了解除草剂的效能、使用方法，并根据石榴园杂草对除草剂的敏感程度及忍耐性等决定使用除草剂的种类、浓度和用药量。

1）扑草净。杀草范围广，对双子叶杂草杀伤力大于单子叶杂草。可在杂草萌发时或中耕后每亩使用扑草净100～150克，或喷施400倍液，有效期30～45天。

2）利谷隆。杀草范围广，杀伤力强。对马齿苋、铁苋菜、绿苋、藜藜、牵牛花等防效达100%。每亩用量60～200克，兑水喷洒。

3）草铵膦。一种广谱触杀型灭生性除草剂，每亩用药量0.1～0.13千克。控草期能够持续25～45天。

4）灭草灵。为选择性传导型除草剂，可以防除稗草、马唐、马齿苋、藜等多种单、双子叶杂草。每亩用1.2～1.5千克拌土撒施。

上面介绍的是在无间种物石榴园使用几种除草剂的方法，如种植间作物，要根据种植间作物种类，兼顾石榴树决定使用除草剂的种类、时间和方法。目前有很多新品种除草剂，可选择使用。

3. 园地覆盖

园地覆盖的方法有覆盖地膜、覆草、绿肥掩青、培土等。其作用为改良土壤，增加土壤有机质；减少土壤水分蒸发，防止冲刷和风蚀，保墒防旱；提高地温，缩小土壤温度变化幅度，有利于果树根系生长，抑制杂草滋生及减少裂果等多重效应。

覆盖有全园覆盖和树盘覆盖、常年覆盖和短期覆盖等，要因地制宜。

（1）树盘覆膜。早春土壤解冻后灌水，然后覆膜，以促进地下根系及早活动。其操作方法为：以树干为中心做成内低外高的漏斗状，要求土面平整，覆盖普通的农用薄膜，使膜土密结，中间留一个孔，并用土将孔盖住，以便渗水，最后将薄膜四周用土埋住，以防被风刮掉。树盘覆盖大小与树冠直径相同。

覆盖地膜既能减少土壤水分散失、提高土壤含水率，又能提高土壤温度，使石榴树地下部分活动提早，相应的地上部分活动也提早。特别是在干旱地区，地膜覆盖对树体生长的影响效果更显著。

（2）全园覆草。在春季石榴树发芽前，要求树下浅耕1次，然后覆草10～15厘米厚。低龄树因考虑作物间作，一般采用树盘覆盖；而对成龄果园，已不适宜间种作物，此时由于树体增大，坐果量增加，耗损大量养分，需要培肥地力，故一般采用全园覆盖，以后每年续铺，保持覆草厚度。适宜作覆盖材料的种类很多，如厩肥、落叶、作物秸秆、锯末、杂草、河泥，或其他土杂肥混合而成的熟性肥料等。原则是：就地取材，因而异（图7-1）。

图7-1 园地覆草

石榴园连年覆草有多重效益。一是覆盖物腐烂后，表层腐殖质增厚，土壤有机质含量以及速效氮、速效磷量增加，明显地培肥了土壤。二是平衡土壤含水量，提高土壤持水能力，防止径流，减少蒸发，保墒抗旱。三是调节土壤温度，4月中旬0～20厘米的土壤温度，覆草比不覆草平均低0.5℃左右，而冬季（1月）平均高0.6℃左右，夏季有利于根系正常生长，冬、春季可延长根系活动时间。四是增加根量，促进树势健壮，其覆草的最终效应是果树产量的提高。

石榴园覆草效应明显，但要注意防治鼠害。老鼠主要为害石榴根系。据调查，遭鼠害严重的有4种果园，即杂草丛生荒芜果园、坟地果园、冬春季窝棚（房屋）周围不住人的果园及地势较高果园。其防治办法有：消灭草荒，树干周围0.5米范围内不覆草，撒鼠药毒害，保护天敌蛇、猫头鹰等。

（3）种植绿肥。成龄果园的行间，一般不宜再间种作物。如果长期采用"清耕法"管理（即耕后休闲），土壤有机质含量将逐渐减少，肥力下降；同时土壤易受冲刷，不利于石榴园水土保持。种植绿肥是解决问题的好办法（图7-2）。

图7-2　种植绿肥

绿肥作物多数都具有根系强大、生长迅速、绿色体积大和适应性强等特点，其茎叶含有丰富的有机质，在新鲜的绿肥中有机质含量为10%～15%。豆科绿肥作物含有氮、磷、钾等多种营养元素，尤以氮素含量更高，其全氮含量、全钾含量高于或相当于人粪尿；其根系中的根瘤菌可有效地吸收和固定土壤和空气中的氮素；而根系分泌的有机酸，可使土壤中的难溶性养分分解而被吸收；同时根系发达，深可达1~2米，甚至2~4米，可有效地吸收深层养分。果园种植绿肥，因植株覆盖地面有调节温度、减少蒸发、防风固沙、保持水土等多重效应。

总之，果园间种绿肥，具有增加土壤有机质、促进微生物活动、改善土壤结构、提高土壤肥力的功效，并达到以园养园的目的。

绿肥作物种类很多，要因地、因时合理选择。秋播绿肥有苕子、豌豆、蚕豆、紫云英、黄花苜蓿等。春夏绿肥可种印度豇豆、爬豆、绿豆、田菁、柽麻等，田菁、柽麻因茎秆较高，一年至少刈割2次。沙地可种沙打旺等，盐碱地可种苕子、草木樨等。

我国北方常见的几种绿肥作物见表7-1。

表7-1 石榴园主要间作绿肥及栽培利用播种量

品种	播种量（千克/亩）	播期	刈割压青期	产草量（千克/亩）	养分含量（%）			适种区域
					氮	磷	钾	
苕子	3~4	8月下旬至9月上旬	4月中、下旬	4~5	0.52	0.11	0.35	秦岭、淮河以北盐碱地外
紫云英	1.5~2	8月下旬至9月上旬	4月中、下旬	3~4	0.33	0.08	0.23	黄河以南盐碱地外
草木樨	1.5~2	8月下旬至9月上旬	4月下旬	3~4	0.48	0.13	0.44	除华南以外，全国大部分非涝区
紫穗槐	2~2.5	春、夏、秋	年割2~3次	2~3	1.32	0.36	0.79	除华南以外，全国大部分园外"四旁"栽植
田菁	3~5	春、夏	6月中旬至9月上旬	2~3	0.52	0.07	0.15	全国
柽麻	3~4	春、夏	播后50天，年割2~3次	2~3	0.78	0.15	0.30	长城以南广大非严寒区
绿豆	2~3	4月中旬至6月中旬	8月中、下旬	1~2	0.60	0.12	0.58	全国
豌豆	4~5	9月中、下旬	5月上旬	1~2	0.51	0.15	0.52	华南、华北外的广大地区

绿肥利用方法：一是直接翻压在树冠下，压后灌水以利于腐烂，适用低秆绿肥。二是刈割后易地堆沤，待腐烂后取出施于树下，一般适于高秆绿肥，如柽麻等。

（4）培土。对于山地丘陵等土壤瘠薄的石榴园，培土能增厚土层，防止根系裸露，增强土壤的保水保肥和抗旱性，增加可供树体生长所需养分的能力。

石榴树在我国黄河流域及以北地区，个别年份地上部易受冻害，培土可提高树体的抗寒能力，降低冻害危害。培土一般在落叶后结合冬剪和土肥管理进行。培土高度因地而异，一般在30～80厘米。因石榴树基部易产生根蘖，培土有利于根蘖的发生和生长，春暖时应及时清除培土，并在生长季节及时除萌。

（二）施肥

1. 施肥的意义

石榴树一经定植，多年生长在同一地点，每年生长、结果都需要从土壤中吸收大量养分，只有通过土壤施肥经常给予补充，以满足石榴树对各种营养元素的需要，石榴树才能生长健壮而且丰产。

果园施肥的目的，除有效地补充土壤中的营养元素外，还可不断提高土壤肥力，改善土壤结构和性能，创造适于石榴树生长的良好的土壤环境。

合理施肥，可保障石榴树的健壮、长寿和高产；幼树可以提前形成树冠和提早结果；对于成年树可以保证丰产、稳产，延长结果年限，提高品质，增强对不良环境的抵抗能力等。

丘陵地及山坡台地、河滩、沙荒地果园，土壤所含养分贫乏，质地和结构不良，增施有机肥和无机肥料对改良土壤结构和功能、提高保水抗旱能力作用更加明显。

施肥必须与其他技术措施相结合，才能充分发挥作用。特别是与水分关系密切，在土壤干旱时，施肥必须结合灌水，单纯增施肥料（特别是化肥）不但无利，反而有害。施肥结合松土，改善土壤通气状况，有利于迟效性的有机肥料分解为速效态而被石榴树吸收。所以，只有土壤综合管理技术措施（土壤耕作、施肥、灌水）互相配合、施肥合理，才能发挥肥料的最大作用。

2. 肥料的种类、性质

依据肥料的形态和性质，可分为有机肥和无机肥两大类。

（1）有机肥。凡属动物性和植物性的有机物统称为有机肥料，如腐殖酸类肥料、人畜粪尿、饼肥、厩肥、堆肥、垃圾、杂草、绿肥、作物秸秆、枯叶以及骨粉、屠宰场的下脚料等。有机肥养分全面，不但含有氮、磷、钾，而且还含有多种营养成分及微量元素，是较长时期供给石榴树多种养分的基础肥料，所以又称有机肥是"完全肥料"，常作基肥施用。果树施用有机肥很少发生缺素症，而且只要施用腐熟的有机肥和施用方法得当，果园很少发生某种营养元素过量的危害。长期施用有机肥料，能够提高土壤的缓冲性和持水性，增加土壤的团粒结构，促进微生物的活动，改善土壤的理化性质，所以石榴园应以施用有机肥为主，无机肥为辅。

在应用有机肥料时，一定注意应用腐熟的肥料。未经腐熟就施用，有伤根的危险，并且易生虫害，对根系不利。如果施用未腐熟的秸秆、垃圾、绿肥等，应加施少量的氮肥，如清粪水或尿素等促进腐熟分解。

（2）无机肥。所有化学肥料都属无机肥，又叫矿质肥料。常用的无机肥料有尿素、硫酸钾、硝酸铵、硫酸铵、过磷酸钙、钙镁磷肥等。其特点是营养物质单纯，易被分解和吸收。一般无机肥料含有较高浓度的养分，使用时要掌握用量，撒施均匀，避免因集中使用造成局部浓度过高，从根系和枝叶中倒吸水分，而伤根、叶，导致肥害。

长期单施化肥，或用量过多，易改变土壤的酸碱度，并破坏其结构，造成土壤板结和理化性能变劣。要注意有机、无机肥配合施用，相互取长补短，充分发挥肥效。

3. 各种营养元素及其在树体中的生理作用

石榴的生长和结果，需要从土壤中摄取多种无机营养元素，其中需要量大的有氮、磷、钾3种，称为主要元素。其他还有几种元素，如钙、镁、铁、硫、锌、硼、钼、铜等，吸收的量都很少，称为中、微量元素，但不能缺乏，生长必不可少。

（1）氮（N）。氮肥主要促进营养生长，氮素是叶绿素、蛋白质等组织的重要组成部分，用量适当，可使根系生长良好，枝叶多而健壮，树势强，光合效能提高，品质和产量提高，并可提高抗逆性和延缓衰老。

（2）磷（P）。磷是蛋白质的重要成分，能增强果树的生命力，促进花芽分化，提高坐果率，增大果实体积和提高品质；有利于种子的形成和发育；可提高根系的吸收能力，促进新根的发生和生长；增强果树抗寒和抗旱能力。

（3）钾（K）。可促进养分运转、促进果实膨大、增加含糖量、提高果实品质和耐贮性，促使新梢加粗生长和组织成熟，增强石榴树抗寒、抗旱、耐高温、抗病虫等抗逆能力。

（4）钙（Ca）。钙能促进细胞壁的发育，提高树体的抗逆能力，是几种酶的活化剂，有平衡生理活动的功能，影响氮的代谢和营养物质的运输，中和蛋白质分解过程中产生的草酸，减轻土壤中钾、钠、锰、铅等离子的毒害而起到解毒功能，使石榴树正常吸收铵态氮。

（5）镁（Mg）。镁是叶绿素的重要组成成分，又是植物生命活动过程中多种酶的特殊催化剂，可以促进果实膨大，提高品质。

（6）铁（Fe）。铁是叶绿素合成所必需的元素，并参与光合作用，是许多酶的必要成分。

（7）硼（Be）。硼可以促进雌蕊受精作用的完成，提高坐果率，增加产量；在果实发育过程中，提高维生素的含量，提高果实品质，促进根系发育良好，增强吸收能力。

（8）锌（Zn）。锌是某些酶的组成成分，如叶绿体中的碳酸脱氢酶，所以锌直接影响光合和呼吸作用，并与生长素吲哚乙酸的形成有关。

（9）锰（Mn）。锰是形成叶绿素和维持叶绿素结构所必需的元素，也是许多酶的活化剂，在光合作用中有重要功能，并参与呼吸过程。

（10）铜（Gu）。铜是许多重要酶的组成成分，在光合作用中有重要作用，能促进维生素A的形成。

（11）钼（Mo）。钼是一些酶的组成成分，在植物体内参加硝酸根还原为铵离子的活动，能促进植物对氮素的利用，并有固氮作用。

（12）硫（S）。硫是蛋白质、辅酶A及维生素中硫胺素和生物素的重要组成成分，参与碳水化合物、脂肪和蛋白质的代谢。

各种元素在植物体内的存在有一个合理的比例关系，因某一元素增加或减少、元素间的比例关系失调，都会影响植株对其他元素的正常吸收利用，而影响树体的正常生长。

4. 石榴树缺素症与矫治方法

当树体某些营养元素不足或过多时，则生理机能产生紊乱，表现出一定症状，石榴树开花量大、果期长，又多栽于有机质含量低的沙地或丘陵山地，更容易表现缺素症（表7-2）。

表7-2　石榴树主要缺素症状与矫治方法

缺素	症状	矫治方法
氮	根系不发达，植株矮小，树体衰弱；枝梢顶部叶淡黄绿色，基部叶片红色，具有褐色和坏死斑点，叶小，秋季落叶早；枝梢细尖，皮灰色；果实小而少，产量低	4月下旬、5月下旬、6月下旬、8月上旬，树冠喷施0.2%～0.3%尿素液，或土壤施尿素，每株0.25千克
磷	叶稀少，暗绿色转青铜色或发展为紫色；老叶窄小，近缘处向外卷曲，严重时叶片出现坏死斑，早期落叶；花芽分化不良；果实含糖量降低，产量、品质下降	生长期叶面喷施0.2%～0.3%的磷酸二氢钾溶液，或土施过磷酸钙、磷酸二铵等，每株0.25千克
钾	新根生长纤细，顶芽发育不良，新梢中部叶片变皱且卷曲，重则出现枯梢现象；叶片瘦小发展为裂痕、开裂，淡红色或紫红色，易早落；果实小而着色差，味酸，易裂果	每株土施氯化钾0.5～1千克，或生长期叶面喷洒0.2%～0.3%的硫酸钾液或1.0%～2.0%的草木灰水溶液
钙	新根生长不良，短粗且弯曲，出现少量线状根后，根尖变褐色至枯死，在枯死根后部出现大量新根；叶片变小，梢顶部幼叶的叶尖、叶缘或沿中脉干枯，重则梢顶枯死、叶落、花朵萎缩	生长初期叶面喷施0.1%的硫酸钙；土壤补施钙镁磷粉、骨粉等
镁	植株生长停滞，顶部叶褪绿，基部老叶片出现黄绿色至黄白色斑块，严重时新梢基部叶片早期脱落	生长期叶面喷施0.3%硫酸镁；土施钙镁磷肥
铁	俗称黄叶病。叶面呈网状失绿，轻则叶肉呈黄绿色而叶脉仍为绿色，重则叶小而薄，叶肉呈黄白色至乳白色，直至叶片变成黄色，叶缘焦枯、脱落，新梢顶端枯死，多从幼嫩叶开始	发芽前树干注射硫酸亚铁或柠檬铁1 000～2 000倍液；叶片生长发黄初期叶面喷洒0.3%～0.5%硫酸亚铁溶液

缺素	症状	矫治方法
硼	叶片失绿、出现畸形叶，叶脉弯曲，叶柄、叶脉脆而易折断；花芽分化不良，易落花落果；根系生长不良，根、茎生长点枯萎，植株弱小	花期喷0.25%～0.5%硼砂或硼酸溶液
锌	俗称小叶病，新梢细弱，节间短，新梢顶部叶片狭小，密集丛生，下部叶有斑纹或黄化，常自下而上落叶，花芽少，果实少，果畸形	发芽初期喷施0.1%硫酸锌溶液，或生长期叶面喷施0.3%～0.5%硫酸锌溶液
铜	叶片失绿，枝条上形成斑块和瘤状物，新梢上部弯曲、顶枯	生长期喷施0.1%硫酸铜溶液
锰	幼叶叶脉间和叶缘褪绿；开花结果少，根系不发达，早期落叶；果实着色差，易裂果	生长期叶面喷施0.3%硫酸锰溶液
钼	老叶叶脉间出现黄绿或橙黄色斑点，重则至全叶，叶边卷曲、枯萎直至坏死	蕾花期叶面喷施0.05%～0.1%的钼酸铵溶液
硫	叶片变为浅黄色，幼叶表现比成叶重，枝条节间缩短，茎尖枯死	生长期叶面喷稀土400倍水溶液

5. 施肥时期

只有合理确定适宜施肥时期，才能及时满足石榴树生长发育的需要，最大限度地获得施肥效果。

适宜的施肥时间，应根据石榴树的需肥期和肥料的种类及性质综合考虑。石榴树的需肥时期，与根系和新梢生长、开花坐果、果实生长和花芽分化等各个器官在一年中的生长发育动态是一致的。几个关键时期供肥的质和量是否能够满足，以及是否供应及时，不仅影响当年产量，还会影响翌年产量。

施肥时期还应考虑采用的肥料种类和性质，迟效性肥料应距石榴树需肥期较早施入。容易挥发的速效性肥料或易被土壤固定的肥料，宜距石榴树需肥期较近施入。

（1）基肥。基肥以有机肥为主，是较长时期供给石榴树多种养分的基础性肥料。

基肥的施用时期，分为秋施和春施。春施时间在解冻后到萌芽前。秋施在石榴树落叶前后，即秋末冬初结合秋耕或深翻施入，以秋施效果最好。因此时根系尚未停止生长，断根后易愈合并能产生大量新根，增强了根系的吸收能力，所施肥料可以尽早发挥作用；地上部生长基本停止，有机营养消耗少，积累多，能提高树体贮藏营养水平，增强抗寒能力，有利于树体的安全越冬；能促进翌年春新梢的前期生长，减少败育花比率，提高坐果率；石榴树施基肥工作量较大，秋施相对是农闲季节，便于进行。

（2）追肥。追肥又称补肥，是在石榴树年生长期中几个需肥关键时期的施肥，是满足生长发育的需要，是当年壮树、高产、优质及来年继续丰产的基础。追肥宜用速效性肥，通常用无机肥或腐熟人畜粪尿及饼肥、微肥等。

追肥包括土壤施肥和叶面喷肥。追肥针对性要强，次数和时期与树势、生长结果情况及气候、土质、树龄等有关。

石榴树追肥一般掌握3个关键时期。

1）花前追肥。春季地温较低，基肥分解缓慢，难以满足春季枝叶生长及现蕾开花所需的大量养分，需以追肥方式补给。此次追肥（沿黄地区4月下旬至5月上旬）以速效氮肥为主，辅以磷肥。追肥后可促使营养生长及花芽萌芽整齐，增加完全花比例，减少落花，提高坐果率，特别对提高早期花坐果率（构成产量的主要因子）效果明显。对弱树、老树、土壤肥力差、基肥施得少的树，应加大施肥量。对树势强、基肥数量充足者可少施或不施，花前肥也可推迟到花后，以免引起徒长，导致落花落果加重。

2）盛花末和幼果膨大期追肥。石榴花期长达2个月以上，盛花期20天左右。由于石榴树大量营养生长、大量开花同时伴随着幼果膨大、花芽分化，此期消耗养分最多，要求补充量也最多。此期（沿黄地区6月下旬至7月上旬）追肥可促进营养生长，扩大叶面积，提高光合效能，有利于有机营养的合成补充，减少生理落果，促进花芽分化，既保证当年丰产，又为来年丰产打下基础。此次追肥要氮、磷配合，适量施钾。一般花前肥和花后肥互为补充，如果花前追肥量大，花后也可不施。

3）果实膨大和着色期追肥。时间在果实采收前的15～30天进行，这时正是石榴果实迅速膨大期和着色期。此期追肥可促进果实着色、果实膨大、果形整齐、提高品质、增加果实商品率；可促进树体营养物质积累，为第二次（9月下旬）花芽分化高峰的到来做好物质准备；可提高树体的抗寒越冬能力。此次追肥以磷、钾肥为主，辅之以氮肥。

6. 施肥量

石榴树一生中需肥情况，因树龄的增长、结果量的增加及环境条件变化等而不同。正确地确定施肥量，应依据树体生长结果的需肥量、土壤养分供给能力、肥料利用率三者来计算。一般每生产1 000千克果实，需吸收纯氮5~8千克。

土壤中一般都含有石榴树需要的营养元素，但因其肥力不同供给树体可吸收的营养量有很大差别。一般山地、丘陵、沙地果园土壤瘠薄，施肥量宜增大；土壤肥沃的平地果园，养分含量较为丰富，可释放潜力大，施肥量可适当减少。土壤供肥量的计算，一般氮为吸收量的1/3，磷、钾约为吸收量的1/2（表7-3）。

表7-3 黄淮地区适宜发展石榴主要土壤耕层化学性

土类	pH值	有机质（%）	全氮（%）	全磷（%）	全钾（%）
棕壤	5.8~6.3	0.319~0.898	0.01~0.143	0.160~0.233	0.62~0.79
褐土	7.2~7.8	0.47~0.50	0.029~0.030	0.089~0.099	1.82~1.83
碳酸盐褐土	7.8~8.5	0.31~0.67	0.024~0.045	0.105~0.117	1.95~1.98
黄垆土	6.5~6.8	0.671~1.047	0.19~0.035	0.121~0.163	2.38~2.76
黄棕壤	6.2~6.3	0.408~0.759	0.017~0.040	0.078~0.087	2.58~2.66
黄刚土	7.2~7.6	0.48~0.78	0.041~0.064	0.021~0.104	2.12~2.84
沙土	9.0	0.17~0.23	0.017~0.023	0.016	2.0~2.6
淤土	8.5~8.8	0.68~0.91	0.055~0.071	0.154	2.38
两合土	8.7~8.8	0.48~0.72	0.035~0.044	0.153	2.0~2.6
砂姜黑土	6.6~7.0	0.596~1.060	0.050~0.072	0.02~0.049	2.01~2.35

施入土壤中的肥料由于土壤固定、侵蚀、流失、地下渗漏或挥发等，不能完全被吸收。肥料利用率一般氮为50%，磷为30%，钾为

40%。现将各种有机肥料、无机肥料的主要养分列于表7-4、表7-5，以供计算施肥量时参考。

表7-4 石榴园适用有机肥料的种类、成分（%）

肥类	水分	有机质	氮（N）	磷（P）	钾（K）
人粪尿	80以上	5～10	0.5～0.8	0.2～0.4	0.2～0.3
猪厩粪	72.4	25.0	0.45	0.19	0.60
牛厩粪	77.4	20.3	0.34	0.16	0.40
马厩粪	71.3	25.4	0.58	0.28	0.53
羊圈粪	64.6	31.8	0.83	0.23	0.67
鸽粪	51.0	30.8	1.76	1.73	1.00
鸡粪	56.0	25.5	1.63	1.54	0.85
鸭粪	56.6	26.2	1.00	1.40	0.62
鹅粪	77.1	13.4	0.55	0.54	0.95
蚕粪	—	—	2.64	0.89	3.14
大豆饼	—	—	7.00	1.32	2.13
芝麻饼	—	—	5.80	3.00	1.33
棉籽饼	—	—	3.41	1.63	0.97
油菜饼	—	—	4.60	2.48	1.40
花生饼	—	—	6.32	1.17	1.34
茶籽饼	—	—	1.11	0.37	1.23
桐籽饼	—	—	3.60	1.30	1.30
玉米秆	—	—	0.60	1.40	0.90
麦秆	—	—	0.50	0.20	0.60
稻草	—	—	0.51	0.12	2.70
堆肥	60～75	12～25	0.4～0.5	0.18～0.26	0.45～0.70
泥肥	—	2.45～9.37	0.20～0.44	0.16～0.56	0.56～1.83
墙土	—	—	0.19～0.28	0.33～0.45	0.76～0.81
鱼杂	—	69.84	7.36	5.34	0.52

表7-5 石榴园适用无机肥料的种类、成分（%）

肥类	肥项	含量	酸碱性	施用要点
氮肥（N）	硫酸铵	20～21	弱碱	基肥、追肥，沟施
	硝酸铵	34～35	弱碱	基肥、追肥，沟施
	尿素	45～46	中性	基肥、追肥，沟施、叶面施
磷肥（P_2O_5）	过磷酸钙	12～18	弱酸	基肥、追肥，沟施、叶面施
	重过磷酸钙	36～52	弱酸	基肥、追肥，沟施
	钙镁磷	14～18	弱碱	基肥，沟施
	骨粉	22～33	—	与有机肥堆沤后作基肥，适于酸性土壤
钾肥（K_2O）	硫酸钾	48～52	生理酸性	基肥、追肥，沟施
	氯化钾	56～60	生理酸性	基肥、追肥，沟施
	草木灰	5～10	弱碱	基肥、追肥，沟施、叶面施
复合肥（N-P-K）	硝酸磷	20-20-0	—	追肥，沟施
	磷酸二氢钾	0-52-34	—	叶面喷施
	硝酸钾	13-0-46	—	追肥，沟施、叶面喷施

不同的肥料种类，发挥肥效的速度不同。有机肥肥效释放得慢，一般肥效期可持续2～3年，故可实行2～3年间隔使用有机肥，或在树行间隔行轮换施用。无机肥的养分含量高，可在短期内迅速供给植物吸收。有机肥料和无机肥料要合理搭配（表7-6）。

表7-6 石榴园适用肥料的肥效

肥料种类	第一年（%）	第二年（%）	第三年（%）	肥效发挥初始时间（天）
人粪尿	75	15	10	10～12
牛粪	25	40	35	15～20
羊粪	45	35	20	15～20
猪粪	45	35	20	15～20
马粪	40	35	25	15～20
禽粪	65	25	10	12～15
草木灰	75	15	10	12～18

续表

肥料种类	第一年（％）	第二年（％）	第三年（％）	肥效发挥初始 时间（天）
饼肥	65	25	10	15～25
骨粉	30	35	35	20～25
绿肥	30	45	25	10～30
硝酸铵	100	0	0	5～7
硫酸铵	100	0	0	5～7
尿素	100	0	0	7～8
过磷酸钙	45	35	20	8～10
钙镁磷肥	20	45	35	8～10

石榴园施肥还受树龄、树势、地势、土质、耕作技术、气候情况等方面的影响。据各地丰产经验，施肥量依树体大小而定，随着树龄增大而增加，幼龄树一般株施优质农家肥8～10千克，结果树一般按结果量计算施肥量。每生产1 000千克果实，应在上年秋末结合深耕一次性施入2 000千克优质农家肥，配合适量氮、磷肥较为合适，在生长季节的几个关键追肥期，追施相当于基肥总量10％～20％的肥料，即200～400千克，并适量追施氮肥。根外追肥用量很少，可以不计算在内。

7. 施肥方法

施肥可分为土壤施肥和根外（叶面）追肥两种形式，以土壤施肥为主，根外追肥为辅。

（1）土壤施肥。土壤施肥是将肥料施于果树根际，以利于吸收。施肥效果与施肥方法有密切关系，应根据地形、地势、土壤质地、肥料种类，特别是根系分布情况而定。石榴树的水平吸收根群一般集中分布于树冠投影的外围，因此，施肥的深度与广度应随树龄的增大由内及外、由浅及深逐年变化。

1）环状沟施肥法。此法适于平地石榴园，在树冠垂直投影外围挖宽50厘米左右、深25～40厘米的环状沟，将肥料与表土混匀后施入沟内覆土。此法多用于幼树，有操作简便、用肥经济等特点，但挖沟易切断水平根，且施肥范围较小（图7-3）。

2）放射状沟施肥法。在树冠下面距离主干1米左右的地方开始以主干为中心，向外呈放射状挖4～8条至树冠投影外缘的沟，沟宽30～50厘米，深15～30厘米，沟长50～80厘米，肥土混匀施入。此法适于盛果期树和结果树生长季节内追肥采用。开沟时顺水平根生长的方向开挖，伤根少，但挖沟时要躲开大根。可隔年或隔次更换放射沟位置，扩大施肥面，促进根系吸收（图7-4）。

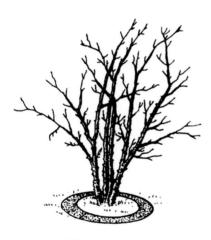

图7-3 环状沟施肥法

图7-4 放射状沟施肥法

3）穴状施肥法。在树冠投影下，自树干1米以外挖施肥穴施肥。有的地区用特制施肥锥，使用很方便。此法多在结果树生长期追肥时采用（图7-5）。

4）条沟施肥法。结合石榴园秋季耕翻，在行间或株间或隔行开沟施肥，沟宽、深和施肥法同环状沟施法。来年施肥沟移到另外两侧。此法多用于幼园深翻和宽行密植园的秋季施肥（图7-6）。

图7-5 穴状施肥法

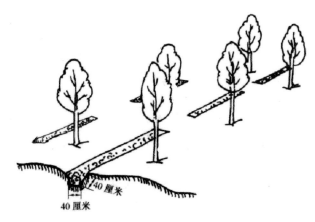

图7-6　条沟施肥法

5）全园施肥。成年树或密植果园，根系已布满全园时采用。先将肥料均匀撒布全园，再翻入土中，深度约20厘米。优点是全园撒施面积大，根系都可均匀地吸收到养分。但因施肥浅，长期使用，易导致根系上浮，降低抗逆性。如与放射沟施肥法轮换使用，则可互补不足，发挥最大肥效。

6）灌溉式施肥。也叫水肥一体化施肥，即灌水与施肥相结合，肥料分布均匀，既不伤根，又保护耕作层土壤结构，节省劳力，肥料利用率高。树冠密接的成年果园和密植果园及旱作区采用此法更为合适（图7-7、图7-8）。

采用何种施肥方法，各地可结合石榴园具体情况加以选用。采用环状、穴施、沟状、放射沟施肥时，应注意每年轮换施肥部位，以便根系发育均匀。

（2）根外（叶面）追肥。根外追肥即将一定浓度的肥料液均匀地喷布于石榴叶片上，一是可增加树体营养、提高产量和果实品质，一般坐果率可提高2.5%～4.0%，果重提高1.5%～3.5%，产量提高5%～10%。二是可及时补充一些缺素症对微量元素的需求。叶面施肥的优点表现在吸收快、反应快、见效明显，一般喷后15分钟至2小时可吸收，10～15天叶片对肥料元素反应明显，可避免许多微量元素施入土壤后易被土壤固定、降低肥效的可能。

图7-7 水肥一体化（1）　　　　图7-8 水肥一体化（2）

叶面施肥喷洒后25～30天叶片对肥料元素的反应逐渐消失，因此只能是土壤施肥的补充，石榴树生长结果需要的大量养分还是要靠土壤施肥来满足。

叶面施肥主要是通过叶片上气孔和角质层进入叶片，而后运行到树体的各个器官。叶背较叶面气孔多，细胞间隙大，利于渗透和吸收；叶面施肥最适宜的温度为18～25℃，所以喷布时间于夏季最好是上午10时以前和下午4时以后，喷时雾化要好，喷布均匀，特别要注意增加叶背面着肥量。

一般能溶于水的肥料均可用于根外追肥（表7-7），根据施肥目的选用不同的肥料品种。叶面施肥可结合药剂防治进行，但混合喷施时，必须注意不降低药效、肥效。如碱性农药石硫合剂、波尔多液不能与过磷酸钙、锰、铁、锌、钼等混合施用；而尿素可以与波尔多液、辛硫磷、退菌特等农药混合施用。叶面喷施浓度要准确，防止造成药害、肥害，喷施时还可加入少量湿润剂，如肥皂液、洗衣粉、皂角油等，可使肥料和农药黏着叶面，提高吸肥和防治病虫害的效果。

表7-7　石榴园叶面追肥常用品种与浓度

肥料种类	有效成分（％）	常用浓度（％）	施用时间	主要作用
尿素	45~46	0.1~0.3	5月上旬、6月下旬、9月上旬	提高坐果率，增强树势，提高产量
硫酸铵	20~21	0.3	生长期	增强树势，提高产量
硫酸钾	48~52	0.4~0.5	5月上旬至9月下旬，3~5次	促进花芽分化、果实着色，提高产量，增强抗逆性
草木灰	5~10	1.0~3.0	5月上旬至9月下旬，3~5次	作用同硫酸钾
硼砂	11	0.05~0.2	初花盛花末各1次	提高坐果率
硼酸	17.5	0.02~0.1	初花盛花末各1次	提高坐果率
磷酸二氢钾	32~34	0.1~0.3	5月上旬至9月下旬，3~5次	促进花芽分化、果实膨大，提高产量，增强抗逆性
过磷酸钙	12~18	0.5~1.0	5月上旬至9月下旬，3~5次	促进花芽分化，提高品质、产量
硫酸锌	23~24	0.01~0.05	生长期	防缺锌
硫酸亚铁	19~20	0.1~0.2	叶发黄初期	防缺铁
钼酸铵	50~54	0.05~0.1	蕾、花期	提高坐果率
硫酸铜	24~25	0.02~0.04	生长期	增强光合作用

（三）灌溉与排水

1. 灌水

（1）灌水时期。正确的灌水时期是根据石榴树生长发育各阶段需水情况，参照土壤含水量、天气情况以及树体生长状态综合确定的。

依据石榴树的生理特征和需水特点，要掌握4个关键时期的灌水，即萌芽水、花前水、催果水、封冻水。

1）萌芽水。即黄淮流域早春3月萌芽前的灌水。此时植株地下地上部相继开始活动，灌萌芽水可增强枝条的发芽势，促使萌芽整齐，对春梢生长、绿色面积增加、花芽分化、花蕾发育都有较好的促进作用。灌萌芽水还可防止晚霜和倒春寒危害。

2）花前水。黄淮流域石榴一般于5月中、下旬进入开花坐果期，时间长达2个月，此期开花坐果生殖生长与枝条的营养生长同时进行，需消耗大量的水分。而黄淮流域春季干旱少雨且多风，土壤水分散失快，因此要于5月上、中旬灌1次花前水，为开花坐果做好准备，以提高结果率。

3）催果水。依据土壤墒情保证灌水2次以上。第一次灌水安排在盛花后幼果坐稳并开始发育时进行，时间一般在6月下旬。此时经过花期大量开花、坐果，树体水分和养分消耗很多，配合盛花末幼果膨大期追肥进行灌水，促进幼果膨大和7月上旬的第一批花芽分化，并可减少生理落果。第二次灌水，黄淮流域一般在8月中旬，果实正处于迅速膨大期，此期高温干旱，树体蒸腾量大，灌水可满足果实膨大对水分的需求，保持叶片光合效能，促进糖分向果实的运输，增加果实着色度，提高品质，同时可以促进9月上旬的第二批花芽分化。

4）封冻水。土壤封冻前结合施基肥耕翻管理进行。封冻前灌水可提高土壤温度，促进有机肥料腐烂分解，增加根系吸收和树体营养积累，提高树体抗寒性能，达到安全越冬的目的，保证花芽质量，为来年丰产奠定良好基础。秋季雨水多、土壤墒情好时，冬灌可适当推迟或不灌，至来年春萌芽水早灌（图7-9）。

图7-9 冬灌（封冻水）

（2）灌水方法。

1）行灌。在树行两侧，距树各50厘米左右处修筑土埂，顺沟灌水。行较长时，可每隔一定距离打一横渠，分段灌水。该法适于地势平坦的幼龄果园（图7-10）。

2）分区灌溉。把果园划分成许多长方形或正方形的小区，纵横做成土埂，将各区分开，通常每一棵树单独成为一个小区。小区与田间主灌水渠相通。该法适于石榴树根系庞大、需水量较多的成龄果园，但极易造成全园土壤板结（图7-11）。

图7-10 行灌

图7-11 分区灌溉

3）树盘灌水。以树干为中心，在树冠投影以内的地面，以土作埂围成圆盘。稀植果园、丘陵区坡台地及干旱坡地果园多采用此法。稀植的平地果园，树盘可与灌溉沟相通，水通过灌溉沟流入树盘内。

4）穴灌。在树冠投影的外缘挖穴，将水灌入穴中。穴的数量依树冠大小而定，一般为8～12个，直径30厘米左右，穴深以不伤粗根为准，灌后覆土还原。干旱地区的灌水穴可不覆土而覆草。此法用水经济，浸湿根系范围的土壤较宽而均匀，不会引起土壤板结，在干旱地区尤为适用。

5）环状沟灌。在树冠投影外缘修一条环状沟进行灌水，沟深、宽均为20～25厘米。适宜范围与树盘灌水相同，但更省水，尤适用于树冠较大的成龄果园。灌毕封土。

6）滴灌。利用塑料管道将水通过滴头送到树根部进行灌溉（图7-12）。

图7-12　滴灌

（3）灌水应注意的关键问题。石榴成熟前10～15天直至成熟采收期间不要灌水，特别是久旱果园。此期灌水极易造成裂果，应避免灌水，或合理灌水。

2. 排水

园地排水是在地表积水的情况下解决土壤中水、气矛盾，防涝保树的重要措施。短期内大量降水、连阴雨天都可能造成低洼石榴园积水，致使土壤水分过多，氧气不足，抑制根系呼吸，降低吸收能力，严重缺氧时可引起根系死亡，在雨季应特别注意低洼易涝区的排水问题（图7-13）。

图 7-13 排水

（四）保花保果管理

1. 落花落果的类型

石榴落花现象严重，雌性退化花脱落是正常的，但两性正常花脱落和落果现象也很严重是不正常的。其落花落果可分为生理性和机械性两种。机械性落花落果往往是风、雹等自然灾害所引起；而生理性落花落果的原因很多，在正常情况下都可能发生，落花落果率有时高达90%以上。

2. 落花落果的原因

（1）授粉受精不良。授粉受精对提高坐果率有重要作用，如果授粉受精不良，则会导致大量落花落果。套袋自花授粉的结实率仅为33.3%，而经套袋并人工辅助授粉的结实率高达83.9%。因此保证授粉受精是提高结实率的重要条件。

（2）激素与落果（坐果）的关系。植物花粉中含有生长素、赤霉素等，但它们在花粉中含量极少。受精后的胚和胚乳也可合成生长素、赤霉素和细胞分裂素等激素，均有利于坐果。果实的生长发育受多种内源激素的调节，内源激素提高坐果率的机制，主要是高浓度的含量，提高了向果实调运营养物质的能力。石榴盛花期使用赤霉素、萘乙酸等处理花托，可明显提高坐果率。

101

（3）树体营养。在树体营养较好的条件下，授粉受精、胚的发育以及果实的发育都好，否则就差，严重的因营养不良而导致落花落果。

（4）水分过多或不足。开花时阴雨连绵则落花严重，若雨后放晴则有利于坐果，原因是与授粉受精有关。当阴雨连绵时，限制了昆虫活动及花粉的风力传播，不利于授粉受精；雨后放晴，不但有利于昆虫活动，而且有利于器官的发育，给授粉受精创造了良好的条件，因而能提高坐果率。

（5）光照不足。光是通过树冠外围到达内膛的，而石榴树枝条冗繁，叶片密集，由于枝叶的阻隔，光到达内膛逐次递减，其递减率随枝叶的疏密程度，由冠周到内膛的距离而有所不同。枝叶紧凑相较于稀疏，光照强度递减率就大。品种不同枝叶的疏密程度不同。修剪与否、修剪是否合理都影响透光率。合理修剪，树体健壮，通风透光条件好，其坐果率可以提高3~6倍。

实际观察到，在光照不足的内膛，坐果少且小，发育慢，成熟时着色也不好，这和内膛叶片的光合作用强度低下有关。所以石榴坐果主要在树冠的中、外围。

（6）病虫和其他自然灾害。桃蛀螟是石榴的主要蛀果害虫，高发年份虫果率达90%以上；蛀干害虫茎窗蛾将枝条髓腔蛀空，使枝条生长不良甚至死亡，遇风易扭断等；其他如桃小食心虫、黑蝉、黄刺蛾及干腐病等都是为害石榴花、果比较严重的，对石榴产量影响很大，严重者造成绝收。

造成石榴落果的自然灾害也很多，诸如花期阴雨，阻碍授粉受精，大风和冰雹吹（打）落花果等。

3. 提高坐果率的途径

（1）加强果园综合管理。凡可以促进光合作用、保证树体正常生长发育、使树体营养生长和生殖生长处于合理状态、增加石榴树养分积累的综合管理措施，都有利于提高石榴坐果率。

（2）疏蕾花。石榴花期长，花量大，且雌性败育花占很大比例，从现蕾、开花到脱落消耗了树体大量有机营养。及时疏蕾疏花，对调节树体营养、增进树体健壮、提高果实的产量和品质有重要作用。

从花蕾膨大能用肉眼分辨出正常蕾与退化蕾时开始，逐枝摘除那些尾尖瘦小的退化蕾与花，保留正常花，直至盛花期结束连续进行，避免漏疏，蕾花期疏蕾、疏花可同时进行（图7-14）。

图7-14 疏蕾花
左：败育蕾；中：中间蕾；右：完全蕾

（3）辅助授粉。

1）石榴园放蜂。果园放（蜜）蜂是提高坐果率的有效措施，一般5～8年生树，每150～200株树放置一箱（约1.8万头）蜜蜂即可满足传粉的需要。果园放置蜂箱数量，视株数而定。蜜蜂对农用杀虫剂非常敏感，因此石榴园放蜂切忌喷洒农药。阴雨天放蜂效果不好，应配合人工辅助授粉（图7-15）。

图7-15 蜜蜂授粉

2）人工授粉。石榴雌性败育花较多，但花粉发育正常，可于园内随采随授。方法是摘取花粉处于生命活动期（花冠开放的第二天，花粉粒金黄色）的败育花，掰去萼片和花瓣，露出花药，直接点授在正常柱头上，每朵可授8～10朵花。此法费工，但效果好，一般坐果率在90％以上，是提高前期坐果率的最有效措施（图7-16）。

图7-16　人工授粉

3）机械喷粉。把花粉混入0.1％的蔗糖液中（糖液可防止花粉在溶液中破裂，如混后立即喷，可减少糖量或不加糖）利用农用喷雾器喷粉。配制比例为水10千克∶蔗糖0.01千克∶花粉50毫克，再加入硼酸10克（用前混入可增强花粉活力）。

花粉的采集：在果园随采随用，一般先将花粉抖落在事先铺好的纸上，然后除去花丝、碎花瓣、萼片和其他杂物，即可用。花粉液随配随用，以防混后时间久了花粉在液体中发芽影响授粉能力。

石榴花期较长，在有效花期内都可人工授粉，但以盛花期（沿黄地区6月15日）前辅助授粉为好，以提高前期坐果率，增加果实的商品性。每天授粉时间，在天气晴朗时，以上午8～10时花刚开放、柱头分泌物较多时授粉最好。连阴雨天昆虫活动少，要注意利用阴雨间隙时间抢时授粉。

花期每1～2天辅助授粉1次。花量大时每个果枝只点授1个发育好的花，其余蕾花全部疏除。对授过粉的正常花可用不同的方法做标记，以免重复授粉增加工作量。机械喷粉无法控制授粉花朵数，很容易形成丛生果，要注意早期疏果。

（4）应用生长调节剂。落花落果的直接原因是离层的形成，而离层形成与内源激素（如生长素）不足有关。应用生长调节剂和微量元素，对防止果柄产生离层有一定效果，其作用机制是改变果树内源激素的水平和不同激素间的平衡关系。

据报道，于石榴盛花期用脱脂棉球蘸取激素类药剂涂抹花托可明显提高坐果率。用40毫克/升2，4-D处理的坐果率为28.3%，5～30毫克/升赤霉素处理的坐果率为17.7%～22.9%，10～40毫克/升萘乙酸处理的坐果率为19.4%～18.5%。

初冬对4～5年生树株施多效唑有效成分1克，能促进花芽的形成，单株雌花数提高80%～150%，雌雄花比例提高27.8%，单株结果数增加25%，增产幅度为47%～65%。夏季显蕾始期对2年以上树龄叶面喷施500～800毫克/升的多效唑溶液，能有效控制枝梢徒长，增加雌花数量，提高前期坐果率，单株结果数和单果重分别增加17.5%和13.2%，单株产量提高25.6%。使用多效唑要特别注意使用时期、剂量和方法，如因用量过大，树体控制过度，可喷洒赤霉素缓解。

（5）疏果。疏果视载果量在果实坐稳后进行。首先疏掉病虫果、畸形果、丛生果的侧位果。结果多的幼树、老弱树、大果形品种树适当多疏；健壮树、小果形品种树适当少疏，使果实在树冠内外、上下均匀分布，充分合理利用树体营养。一般径粗2.5厘米左右的结果母枝，留果3～4个（图7-17）。

图7-17　疏果

4. 裂果原因及预防

石榴裂果是石榴丰产栽培不容忽视的问题，在石榴果实整个发育期，都有裂果现象，但主要是后期裂果。旱岭地裂果率一般为10%左右，严重的可达到70%以上；灌水正常果园裂果轻，在5%左右。裂果后籽粒外露易被鸟类和动物取食，使果实完全失去商品价值；裂果形成伤口有利于病菌侵染，遇雨容易染病烂果，同时裂果后果实商品外观变差，商品价值降低，造成严重的经济损失。

（1）裂果特点。石榴裂果发生的严重时期在沿黄地区一般始于8月下旬，以果实采收前10～15天，即9月上、中旬最为严重，直至9月中、下旬的采收期。早熟品种裂果期提前，8月上旬即出现较为严重的裂果现象。裂果与坐果期有关，坐果期早裂果现象严重，坐果期晚裂果现象较轻。成熟果实裂果重，未成熟果实裂果轻。

石榴的裂果形式，因品种不同而有所差异，多数以果实中部横向开裂为主，伴以纵向开裂，严重的有横纵、斜向混合开裂的；少数品种以纵向开裂为主，纵向开裂的部位在果实的纵平面，即子房室中部。

树冠的外围较内膛、朝阳较背阴裂果重。果实以阳面裂口多，机械损伤部位易裂果。

品种不同，裂果发生差异明显。果皮厚、成熟期晚的果实裂果轻；果皮薄、成熟期早的果实裂果重。

（2）裂果原因。石榴果实由果皮（外果皮、中果皮、内果皮）、胎座隔膜、种子（外种皮、内种皮）3部分组成。在果实发育的前期，细胞分生能力强，果皮的延展性较好，种子和果皮的生长趋于同步，不易发生裂果；随着果实临近成熟采收和经过夏季长时间的伏旱、高温、干燥和日光直射，致使外果皮组织受到损坏，再加上细胞组织的自然衰老，分生能力变弱，导致外果皮组织延展性降低。而中果皮以内的组织，因受外界不良影响较少，仍保持较强的生长能力，加之植物本身养分优先供应生长中心——种子，保证繁衍后代的生物学特性，种子（籽粒）的生长始终处于旺盛期，导致种子和果皮内外生长速度的差别，条件不利时有可能造成裂果。

导致裂果的外部因素主要是环境水分的变化。在环境水分相对稳定的条件下，如有灌溉条件的果园，结合降水，土壤供应树体及果实水分的变幅不大，果实膨大速度相对稳定，即使到后期果实成熟采收，裂果现象也较轻。持久干旱又缺乏灌溉果园，突然降水或灌溉，根系迅速吸水输导至植株的根、茎、叶、果实各个器官，众多种子（籽粒）的生长速度明显高于处于老化且基本停止生长的外果皮，当外果皮承受能力达到极限时会导致果皮开裂。由这种原因引起的裂果，集中、量大、损失重。

（3）裂果预防。

1）尽量保持园地土壤含水量处于相对稳定状态。采取有效措施减少因土壤水分变幅过大造成的裂果，可采用树盘地膜覆盖、园地覆草增施肥料、改良土壤等技术，提高旱薄地土壤肥力，增强土壤持水能力。掌握科学灌水技术，不因灌水不当造成不应有的裂果损失。

2）适时分批采收果实。早坐果早采收，晚坐果晚采收。成熟期久旱遇雨，雨后果实表面水分散失后要及时采收。

3）采取必要的保护措施。将石榴果实套袋，既防病、防虫，又减少了机械创伤和降水直淋，且减少因防病治虫使用农药造成的污染，并可有效地减少裂果（图7-18）。

4）应用生长调节剂。在中后期喷施25毫克/升的赤霉素（GA3），可使裂果减少30%以上。

图7-18　套白色纸袋

八、 石榴树整形修剪

对软籽石榴树进行合理的整形修剪，建立良好的树体结构，可以充分利用阳光，调节营养物质的制造、积累及分配；调节生长和结果的关系；使树体骨架牢固，从而达到高产、稳产、优质、低成本的栽培目的。石榴品种较多，品种不同长势有别，有些品种成龄树生长稳健，徒长枝较少，而有些品种生长旺盛，徒长枝较多；幼树、成龄树、衰老树生长中心有差别，要分别对待；管理水平的高低，不同的自然条件，对石榴树体会产生不同的影响，树体生长也有差异。因此，修剪时应根据不同品种、不同树龄、不同树体轻重截疏，适当配合。其修剪原则应是因时、因地、因树适疏少截，以轻为主，顺其自然地进行修剪。

（一）整形修剪的时期与方法

1.整形修剪的时期

（1）冬季修剪。冬季修剪在落叶后至萌芽前的休眠期进行，北方冬季寒冷，易出现冻害，以春季芽萌动前进行修剪较安全。冬季修剪以培养、调整树体结构，选配各级骨干枝，调整安排各类结果母枝为主要任务。冬季修剪在无叶条件下进行，不会影响当时的光合作用，但会影响根系输送营养物质和激素量。疏剪和短截，都不同程度地减少了全树的枝条和芽量，使养分集中保留于枝和芽内，打破了地上枝干与地下根的平衡，从而充实了根系、枝干、枝条和芽体。由于冬季管理不动根系，所以增大了根冠比，具有促进地上部生长的作用。

（2）夏季修剪。夏季修剪主要是用来弥补冬季修剪的不足，是于开花后期至采收前的生长季节进行的修剪。夏季修剪正处于石榴旺盛生长阶段（6~7月）和营养物质转化时期，前期生长依靠贮藏营养，后期依靠新叶制造营养。利用夏季修剪，采取抹芽、除萌蘖、疏除旺密枝、撑、拉、压开张骨干枝角度、改变枝向、环割、环剥等措施，促使树冠迅速扩大，加快树体形成，缓和树势，改善光照条件，提早结果，减少营养消耗，提高光合效率。夏季修剪只宜在生长健壮的旺树、幼树上适期、适量进行，同时要加强综合管理，才能收到早期丰产和高产、优质的理想效果。

2. 修剪的方法

冬季修剪的主要方法是疏剪、短截、缩剪。夏季修剪多采取疏剪、抹芽、除萌、枝条变向、环割、环剥等措施。

（1）疏剪。疏剪包括冬季疏剪和夏季疏剪，方法是将枝条从基部剪除。疏剪的结果，减少了树冠分枝数，具有增强通风透光、提高光合效能、促进开花结果和提高果实质量的作用。较重疏剪能削弱全树或局部枝条生长量，但疏剪果枝反而有加强全树或局部生长量的作用，这是因为果实少了，消耗的营养也就少了，营养更有利于供应根系和新梢生长，使生长和结果同时进行，达到年年结果的目的。生产中常用疏剪来控制过旺生长，疏除强旺枝、徒长枝、下垂枝、交叉枝、并生枝、外围密挤枝。利用疏剪疏去衰老枝、干枯枝、病虫枝等，还有减少养分消耗、集中养分促进树体生长、增强树势的作用。

（2）短截。短截又叫短剪，即把1年生枝条或单个枝剪去一部分。原则是"强枝短留，弱枝长留"。分为轻剪（剪去枝条的1/4~1/3）、中剪（剪去枝条的2/5~1/2）、重剪（剪去枝条的2/3）、极重剪（剪去枝条的3/4~4/5），极重剪对枝条刺激最重，剪后一般只发1~2个不太强的枝。短截具有增强和改变顶端优势的作用，有利于枝组的更新复壮和调节主枝间的平衡关系，能够增强生长势，降低生长量，增加功能枝叶数量，促进新梢和树体营养生长。由于光合产物积累减少，因而不利于花芽形成和结果。短截在石榴树修剪中用得较少，只是在老弱树更新复壮和幼树整形时采用。

（3）缩剪。缩剪又叫回缩，即将多年生枝短截到适当的分枝处。由于缩剪后根系暂时未动，所留枝芽获得的营养、水分较多，因而具有促进生长势的明显效果，利于更新复壮树势，促进花芽分化和开花结果。对于全树，由于缩剪去掉了大量生长点和叶面积，光合产物总量下降，根系受到抑制而衰弱，使整体生长量降低。因此，每年对全树或枝组的缩剪程度，要依树势、树龄及枝条多少而定，做到逐年回缩，交替更新，使结果枝组紧靠骨干，结果牢固；使衰弱枝得到复壮，提高花芽质量和结果数量。每年缩剪时，只要回缩程度适当，留果适宜，一般不会发生长势过旺或过弱现象。

（4）长放。长放又叫缓放或甩放，即对一二年生枝不加修剪。长放具有缓和先端优势，增加短枝、叶丛枝数量的作用，对于缓和营养生长、增加枝芽内有机营养积累、促进花芽形成、增加正常花数量、促使幼树提早结果有良好的作用。长放要根据树势、枝势强弱进行，对于长势过旺的植株要全树缓放。由于石榴枝多直立生长，所以，为了解决缓放后造成光照不良的弊端，要结合开张主枝角度、疏除无用过密枝条和撑、拉、坠等措施，改变长放枝生长方向。

（5）造伤调节。对旺树、旺枝采用环割、环剥、刻伤和拿枝软化等措施制造伤口，使枝干木质部、韧皮部暂时受伤，在伤口愈合前起到抑制过旺的营养生长，缓和树势、枝势，促进花芽形成和提高产量的作用。

1）环割、环剥、刻伤。用刀在枝干上环切一圈至数圈，切口深及木质部而不伤及木质部为环割。用刀环切两圈，并把其间的树皮剥去称为环剥，环剥口的宽度，一般为被剥枝直径的1/12~1/8，环剥后要将剥离的树皮颠倒其上下位置，随即嵌入原剥离处，并涂药防病和包扎使其不脱落，在干燥地区有保护伤口的作用。刻伤是环枝干基部用刀纵切深及木质部，刻伤长5~10厘米，伤口间距1~2厘米。刻伤的时间因目的不同而异，春季发芽前进行可促使旺树、旺枝向生殖生长转化，削弱营养生长；枝梢减缓生长，花芽分化前进行可增加花芽分化率；开花前进行可提高坐果率；果实速生期前进行可促使果实膨大，提早成熟。一般刻伤伤口越大，刻伤效果越明显，但以不使枝条削弱太重且伤口能适时愈合为刻伤原则。

2）扭梢（枝）、拿枝（梢）。扭梢就是将旺梢向下扭曲或将基部旋转扭伤，既扭伤木质部和皮层，又改变枝梢方向。拿枝就是用手对旺梢自基部到顶部捋一捋，伤及木质部，响而不折。这些措施都可阻碍养分运输，缓和生长，增加萌芽率，促进中短枝和花芽形成，提高坐果率和促进营养生长。

3）其他。去叶、断根、去芽、击伤芽、折枝等均为造伤措施，功用与前述相同，需要时可以应用。

（6）调整角度。调整骨干枝角度是幼树整形时常用的修剪方法，必须因地、因树采取相应措施，以达到平衡树势、调节生长和结果的目的。

对角度小、长势偏旺、光照差的大枝和可利用的旺枝、壮枝，采用撑、拉、曲、坠等方法，改变枝条原生长方向，使直立姿势变为斜生、水平状态，以缓和营养生长和枝条顶端优势，扩大树冠，改善树冠内膛光照条件，充分利用空间和光能，增加枝内碳水化合物积累，促使正常

图8-1 撑

图8-2 拉

图8-3 坠

花的形成（图8-1~图8-3）。

（7）摘心。生长季节摘除新梢先端嫩梢的方法叫摘心。主要在新梢旺盛生长到长度为30厘米左右时进行，摘除新梢先端嫩梢可节省大量养分，充实枝组成花，促生二、三次枝形成枝组，填补空缺。

（8）抹芽、除萌。抹芽是生长季节的疏枝。主要是抹去主干、主枝上的剪、锯口及其他部位无用的萌枝和挖除剪掉主干根际萌蘖。抹芽、除萌蘖可以改变树冠内光照条件，减少营养和水分的无效消耗，有利于形成树形和促进开花结果。除萌蘖、抹芽工作在整个生长季节随时都可进行，但以春夏季抹芽挖根蘖、夏秋季剪萌枝效果最好。

（二）芽、枝种类与修剪有关的生物学习性

1. 芽的种类

芽是石榴树上一种临时性重要器官，是各类枝条、叶片、花和果实等营养器官、生殖器官的原始体。各种枝条都是由不同的芽发育而成的，石榴树生长和结果、更新和复壮等重要的生命活动都是通过芽来实现的。栽培和修剪中，应了解各种芽的形成特征、生长发育规律，以做到管理措施得当，因芽合理修剪。

（1）按芽的功能可分为叶芽、花芽、中间芽。

1）叶芽。萌发后发育为枝叶的芽叫叶芽。石榴树叶芽外形瘦小，先端尖锐，鳞片狭小，芽体多呈三角形。未结果幼树上的芽都是叶芽，进入结果期后，部分叶芽分化成花芽。

2）花芽。石榴树花芽是混合芽，萌发后先长出一段新梢，在新梢先端形成蕾花结果。混合芽外形较大，呈卵圆形，鳞片包被紧密，多数着生在各种枝组的中间枝（叶丛枝）顶端。石榴树上的混合芽多数分化程度差，发育不良，其外形与叶芽很难区分。这类混合芽发育的果枝，花器发育不良，成为退化花不能结果，修剪时应剪除。质量好的混合芽多着生在2~3年生健壮枝上。

3）中间芽。指各类极短枝上的顶生芽，其周围轮生数叶，无明显腋芽。石榴树中间芽外形近似于混合芽，数量很多，一部分发育成

混合芽抽生结果枝；一部分遇到刺激后萌发成旺枝；多数每年仅做微弱生长，仍为中间芽。

（2）按芽的着生位置可分为顶芽、侧芽和隐芽。

1）顶芽。着生于各类枝条先端的芽叫顶芽。顶芽发育充实且处于顶端优势位置，容易萌发和形成长枝。石榴树只有中间枝才有顶芽，其他营养枝顶芽多退化为针状茎刺。

2）侧芽。着生于各类枝叶腋间的芽叫侧芽。侧芽因着生位置不同，萌芽和成枝能力也不同，由于顶端优势的作用，上部侧芽易萌发成中、长枝，中部侧芽抽枝力减弱，下部侧芽多不萌发，或虽萌发但不抽生新枝。

3）隐芽。1年生枝上当年或翌年春季不能按时萌发而潜伏下来伺机萌发的芽叫隐芽或潜伏芽。正常情况下，隐芽不能按期萌发，如遇某种刺激（如伤口），使营养物质转向隐芽过量输送，即萌发形成长、旺枝。石榴树隐芽寿命极长，多年生老枝干遇刺激后都可萌发形成旺枝，因而老枝老干更新复壮比较容易。

2. 枝的种类

植物学中把枝称作茎。枝由叶芽或混合芽萌发生长而成。因所处位置、形态差异、萌发先后、枝龄大小等而有不同名称。识别和掌握不同类枝的特性，对于整形修剪有很大作用。

（1）主干、主枝和侧枝。地上部分从根茎到树冠分枝处的部分叫主干。石榴树属于小乔木或灌木树种，单干树主干明显，只有一个主干，而其他大部分植株呈多主干丛生，主干不明显。着生于主干上的大枝叫主枝，着生于主枝上的枝叫侧枝。主干、主枝和侧枝，构成树冠骨架，在树冠中分别起着承上启下的作用。主枝着生于主干，侧枝着生于主枝，结果枝、结果枝组着生于各个侧枝或主枝上。修剪时必须明确保持其间的从属关系。

（2）直立枝、斜生枝、下垂枝、水平枝。凡直立生长的枝叫直立枝；与直立枝有一定倾斜角度的枝叫斜生枝；枝的先端下垂生长的枝叫下垂枝；呈水平生长的枝叫水平枝（图8-4）。

（3）内向枝、重叠枝、平行枝、轮生枝、交叉枝、并生枝。向树冠内部生长的枝叫内向枝；两枝上下相互重叠生长的枝叫重叠枝；同一水平上两枝平行伸展的枝叫平行枝；数个由同一基段周缘发生、向四周放射状伸展的枝叫轮生枝；两枝交叉生长的叫交叉枝；自一节

图8-4 直立枝

图8-5 重叠枝

或一芽并生出两个以上的枝称并生枝（图8-5）。

（4）一次枝、二次枝、三次枝、四次枝。春季由叶芽或混合芽萌发生长成的枝叫一次枝或新梢，一次枝上的芽当年萌发形成的枝叫二次枝，二次枝上萌芽形成三次枝，三次枝上萌芽形成四次枝。二、三、四次枝又叫副梢。

（5）新梢与1年生枝、2年生枝。当年由芽形成的枝叫新梢，落叶后又叫1年生枝，1年生枝再长1年叫2年生枝。依此类推，即3年生枝、4年生枝，以至多年生枝。

（6）生长枝（营养枝或发育枝）。当年只长叶不开花的枝叫生长枝。根据长势强弱又可分为普通生长枝、徒长枝、纤细枝等（图8-6、图8-7）。

图8-6 徒长枝（中）

图8-7 纤细枝

树冠内发育充实、生长健壮，有时还有二、三次生长的枝叫普通生长枝，是构成树冠骨架、扩大树冠体积、形成结果枝的主要枝，在幼树、结果树上较多，在老弱树上较少发生。

树冠内长势特旺、节间长、叶片薄、芽瘦小、组织不充实的枝叫徒长枝。石榴树徒长枝上多具三、四次枝，长度可达1～2米。在初结果和盛果期，徒长枝是扰乱树体结构、影响通风透光、破坏营养均衡的有害枝，修剪中多疏除，但也可用来扩大树冠。衰老树上徒长枝是用来更新复壮树体的宝贵枝。

树冠内长度不足30厘米、枝条瘦弱、芽体秕小、组织不充实的枝叫纤细枝。如果阳光充足、营养良好，纤细枝也可转化为结果枝开花结果。修剪中对过密者疏除，一般情况下或任其生长，或稍加短截回缩予以复壮。

树冠内着生在各类枝上的那些仅有一个顶芽、顶芽下簇状轮生2～5片叶、无明显节间和腋芽的极短枝叫中间枝或叶丛枝。石榴树中间枝极多，营养适宜时中间枝顶芽可转化为混合芽。

（7）结果母枝。结果母枝即生长缓慢、组织充实、有机物质积累丰富、顶芽或侧芽易形成混合芽的基枝。混合芽于当年或翌年春季抽生结果枝结果。

（8）结果枝。能直接开花结果的1年生枝叫结果枝。石榴树结果枝是由结果母枝的混合芽抽生一段新梢，再于其顶端开花结果，属1年生结果枝类型。按其长度可分为长、中、短和徒长性结果枝4种。

1）长结果枝。长度在20厘米以上，具有5～7对叶，有1～9朵花的结果枝叫长结果枝。长果枝开花最晚，多于6月中、下旬开花。由于数量少，所以结果不多（图8-8）。

图8-8 长结果枝

2）中结果枝。长度在5～20厘米，具有3～4对叶，有1～5朵花的结果枝叫中结果枝。多于6月上、中旬开花，其中退化花多，结果能力一般，但数量较多，仍为重要结果枝类。

3）短结果枝。长度在5厘米以下，具有1～2对叶，着生1～3朵花的结果枝叫短结果枝。多于5月中、下旬开花，正常花多，结果牢靠，是主要结果枝类（图8-9）。

图8-9 短结果枝

4）徒长性结果枝。6月下旬以后树冠外围骨干枝上发生的长度在50厘米以上，具有多次分枝，其中个别侧芽形成混合芽，抽生极短结果枝的徒长枝叫徒长性结果枝。修剪中多按徒长枝处理，进行改造或疏除。

（9）辅养枝。幼树整形阶段，在主干、主枝上保留的不作永久性骨干枝培养，只利用其枝叶制造养分辅助幼树快速成形与结果，待树形形成后及时疏除的临时性枝叫辅养枝。生长季节要利用摘心、拿枝软化、环割等措施控制旺长以达到辅养树体的目的。

（10）更新枝。欲代替已衰弱的结果枝、老龄枝或骨干枝的新枝叫更新枝。在盛果后期对结果枝和结果枝组进行更新复壮使其延长结果年限称为局部更新。在衰老期对主枝或主干进行更新修剪重新整形称为整体更新。

（11）结果枝组。在骨干枝上生长的各类结果母枝、结果枝、营养枝、中间枝的单位枝群称结果枝组。石榴树要想获得优质大果，必须培养好发育健壮、数量充足的结果枝组（图8-10）。

（12）萌蘖枝。由根际不定芽或枝干隐芽萌发形成的枝叫萌蘖

图8-10 结果枝组

图8-11 萌蘖枝

枝。根际萌蘖枝大量消耗树体营养，扰乱树形结构，影响管理，修剪时应予疏除或挖掉（图8-11）。

3. 芽、枝与修剪

（1）芽的异质性。一个成龄个体上芽的数量极多，但每个芽的

发育状况、充实程度、形态特征都不一样，抽生的枝条、结出的果实也不完全相同，这种芽与芽之间的差异性叫芽的异质性。修剪中常利用优质芽培养骨干枝扩大树冠；利用优质混合芽抽生健壮结果枝结果。对于质量差、发育不充实的芽应进行疏除，以节约树体营养和水分，促进树体生长和结果。

（2）萌芽力和成枝力。石榴枝条上的芽并不能全部萌发。把萌发芽数占总芽数的比率叫作萌芽率或萌芽力；芽萌发后能够发育成中、长枝的能力叫作成枝力。萌芽力、成枝力因芽在树体、枝组所处位置以及品种不同而不同。树冠上部、外围枝的成枝力强于中、下部枝和内膛枝，直立枝较斜生枝、斜生枝较水平枝的萌芽力低但成枝力高。

石榴各品种的萌芽力均较强，1年生枝上的芽几乎都能萌发。但成枝力差别较大，有些品种极易形成二、三次枝和大量叶丛枝，由于较强营养枝或徒长枝上的二、三次枝很多，极易造成树冠郁闭影响光照，修剪中应特别注意不用或少用短截措施；而有些品种成枝力稍低，长旺枝较少，树冠不易郁闭，通风透光良好，修剪比较简单快捷。

（3）顶端优势。在同一单株、同一枝条上，位于顶部的芽萌发早，长势旺；中部的芽萌发和长势逐渐减弱；最下部的芽多不萌发成为隐芽。直立枝条生长着的先端与其发生的侧芽呈一定角度，离顶端越远，角度越大。若除去先端对角度的控制效应，则所发侧枝又垂直生长，枝条的这种顶端枝芽生长旺盛的现象叫顶端优势。通过短截、曲枝等措施，可以改变枝条不同位置上芽的生长势，直立枝呈水平姿势后，中、下部芽也具有较强的萌发力和成枝力。石榴枝条柔软，往往由于果实重量而使其弯曲下垂，因而中、下部芽极易处于优势位置而抽生旺枝。

（4）分枝角度。新枝与母枝间的夹角叫分枝角度。新枝距母枝剪口愈近、树势越旺时分枝角度愈小。分枝角度大时骨干枝负载量大，角度小时负载量小，结果多时，易出现断裂、劈枝。石榴新枝多从母枝的二、三次枝基部侧芽萌发生成，分枝角度一般较小，但因枝条柔软，可采用拉枝措施改变角度。

（三）常见树形和树体结构

石榴树的栽培树形常见的有单干形、双干形、三干形和多干半圆形4种。

1. 单干树形

每株只留一个主干，干高33厘米左右，在中心主干上按方位分层留3~5个主枝，主枝与中心主干夹角为45°~50°，主枝与中心主干上直接着生结果母枝和结果枝。这种树形枝级数少，层次明显，通风透光好，适合密植栽培；但枝量少，后期更新难度较大。也可以根据树形修剪成自然圆头形、自然丛头形（图8-12~图8-14）。

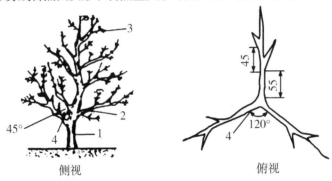

侧视　　　　　　　　　　　　俯视

图 8-12　单干树形结构（单位：厘米）
1. 主干　2. 主枝　3. 结果枝组　4. 夹角

图 8-13　单主干自然圆头树形　　　图 8-14　单主干自然丛头状

2. 双干树形

每株留两个主干，干高33厘米，每主干上按方位分层各留3～5个主枝，主枝与主干夹角为45°～50°。这种树形枝量较单干形多，通风透光好，适宜密植栽培，后期能分年度更新复壮。也可以根据树形修剪成双干自然圆头形（图8-15、图8-16）。

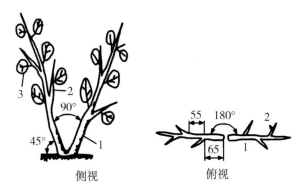

侧视　　　　　　　　　　俯视

图 8-15　双干树形结构（单位：厘米）
1. 主干　2. 主枝　3. 结果枝组

图 8-16　双干分层树形

3. 三干树形

每株留3个主干，每主干上按方位留3～5个主枝，主枝与主干夹角为45°～50°。这种树形枝量多于单干和双干树形，少于丛干形，光照条件较好，适合密植栽培，后期易分年度更新复壮树体。也可以根据树形修剪成三干自然圆头形（图8-17、图8-18）。

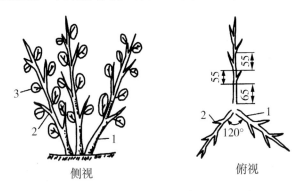

侧视　　　　　　　　　俯视

图 8-17　三干树形结构（单位：厘米）
1. 主干　2. 主枝　3. 结果枝组

图 8-18　三干分层树形

4. 多干半圆树形（自然丛状半圆形）

该树形多在石榴树处于自然生长状态、对其从未进行修剪而任其自然生长、管理粗放的条件下形成。其树体结构，每丛主干5个左右，每主干上直接着生侧枝和结果母枝形成自然半圆形。这种树形的优点是老树易更新，逐年更新不影响产量；缺点是干多枝多，树冠内部密闭，通风透光不良，内膛易光秃，结果部位外移，有"干多枝多，不多结果"的说法，加强修剪后仍可获得较好的经济效益（图8-19、图8-20）。

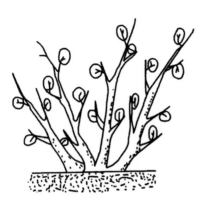

图 8-19 多干半圆树形结构

图 8-20 多干树形

据不同树形修剪试验，修剪后的单干、双干、三干树形均优于多干树形。分析其原因，是石榴幼树生长旺盛，多干树形任其生长，根际萌蘖多，大量养分用于萌蘖生长，花少果少；单干、双干、三干树形整形修剪后养分相对集中，所以结果较多，容易形成丰产。智慧栽培软籽石榴推荐选用单干树形。

（四）不同类型树的修剪

1.幼树整形修剪（1～5年生）

（1）单干树形。单干树形是指每株树只留一个主干。石榴苗当年定植后，选一个直立壮枝按70厘米进行"定干"，其余分蘖全部剪除。当年冬剪时在剪口下30～40厘米整形带内萌发的新枝按方位留3～4个，其中剪口下第一个枝选留作中心主干，其余2～3个枝作为主枝，与中心主干夹角45°～50°，其余枝条全部疏除，干高33厘米左右；选留作中心主干的枝在上部50～60厘米处再次剪截。第二年冬剪时在第二次剪口下第一枝留作中心主干，以下再选留2~3个枝作第二层主枝，第三、第四年在整形修剪的过程中，除了保持中心主干和各级主侧枝的生长势外，要多疏旺枝，留中庸结果母枝；根际处的萌蘖，结合夏季抹芽、冬季修剪一律疏除。通过上述过程树形基本形成（图8-21）。

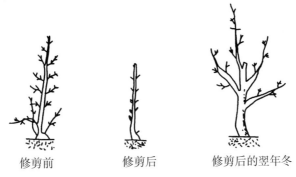

修剪前　　　　　修剪后　　　修剪后的翌年冬

图8-21　单干树形幼树整形

（2）双干树形。双干树形是指每株树留两个主干。石榴苗定植后，选留两个壮枝分别于70厘米处"定干"，其余枝条一律疏除。第二、第三、第四年的整形修剪方法，均同单干形。每个主干上按方位角180°选留两层主枝4~5个。两个主干之间要留中小枝，成形干高33厘米左右，主干与地面夹角50°左右，主枝与中心主干夹角45°左右（图8-22）。

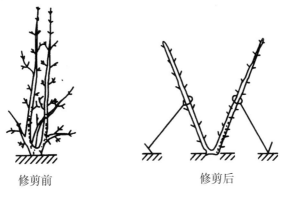

修剪前　　　　　　　　修剪后

图8-22　双干树形整形

（3）三干树形。三干树形是指每株树留3个主干。石榴苗定植后，选3个壮枝分别于70厘米处"定干"，以后的整形修剪方法均同单干形。每个主干上按方位角选留两层主枝4～5个，三个主干之间内膛多留中小型枝组，成形干高33厘米，主干与地面夹角50°左右，主枝与中心主干夹角45°～50°（图9-23）。

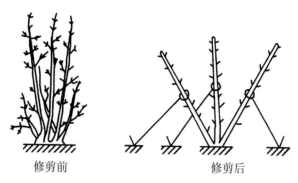

修剪前　　　　　　　　　修剪后

图 8-23　三干树形整形

（4）丛状树形。石榴树多为扦插繁殖，一株苗木就有3～4个分枝。定植成活后，任其自然生长，常自根际再萌生大量萌枝，多达20条以上，在1～5年的生长过程中，第一年任其生长，在当年冬季或翌年春季修剪，选留5～6个健壮分蘖枝作主干，其余全部疏除。以后冬季剪除再生分蘖和徒长枝，即可形成多主干丛状半圆形树冠（图8-24）。

修剪前　　　　　　　　　修剪后

图 8-24　丛状形幼树整形

2. 盛果期树的修剪（5年生以上）

石榴树5年以后逐渐进入结果盛期，树体整形基本完成，树冠趋于稳定，生长发育平衡，大量结果。修剪的主要任务是除去多余的旺枝、徒长枝、过密的内膛枝、下垂枝、交叉枝、病虫枝、枯死枝、瘦弱枝等。树冠呈下密上稀、外密内稀、小枝密大枝稀的"三密三稀"状态，内部不空、通风透光，养分集中，以利于多形成正常花，多结果，结好果。

石榴的短枝多为结果母枝，对这类短枝应注意保留，一般不进行短截修剪。在修剪时除对少数徒长枝和过旺发育枝用作扩大树冠实行少量短截外，一般均以疏剪为主。

3. 衰老期树的修剪与更新改造

石榴树进入盛果期后，随着树龄的增长，结果母枝老化，枯死枝逐渐增多。特别是50~60年生树，树冠下部和内膛光秃，结果部位外移，产量大大下降，结果母枝瘦小细弱，老干糟空，上部焦梢。此期除增施肥水和病虫害防治外，每年应进行更新改造修剪，方法是：

（1）缩剪衰老的主侧枝。次年在萌蘖旺枝或主干上发出的徒长枝中选留2~3个，有计划地逐步培养为新的主侧枝和结果母枝，延长结果年限。

（2）一次进行更新改造。第一年冬将全株的衰老主干及地上部分锯除；第二年生长季节根际会萌生出大量根蘖枝条，冬剪时从所有的枝条中选出4~5个壮枝作新株主干，其余全部疏除；第三年在加强肥水管理和防病治虫的基础上，短枝可形成结果母枝和花芽；第四年即可开花结果。

（3）逐年进行更新改造。适宜于自然丛干形，主干一般多达5~8个。第一年冬季可从地面锯除1~2个主干；第二年生长季节可萌生出数个萌蘖条，冬季在萌生的根蘖中选留2~3个壮条作新干，余下全部疏除，同时再锯除1~2个老干；第三年生长季节从第二年更新处又萌生数个蘖条，冬季再选留2~3个壮条留作新干，余者疏除。第一年选留的2~3个新干上的短枝已可形成花芽。第三年冬再锯除1~2个老干，第四年生长季节又从更新处萌生数个萌蘖条，冬季选留2~3个萌条作新干。第一年更新后的短枝已开花结果，第二年更新枝已形成花芽。这样更新改造衰老石榴园，分年分次进行，既不绝产，4年又可更新复壮，恢复果园生机。

（五）伤口保护

石榴树伤口愈合缓慢，修剪及田间操作造成的伤口如果不及时保护，会严重影响树势，因此修剪过程中一定要注意避免造成过大、过多的伤口。石榴树修剪时要避免"朝天疤"，这类伤口遇雨易引起伤口长期过湿、愈合困难并导致木质部腐烂。

修剪后，一定要处理好伤口，锯枝时锯口茬要平，不可留桩，要防止劈裂。为了避免伤口感染病害，有利于伤口的愈合，必须用锋利的刀将伤口四周的皮层和木质部削平，再用5波美度石硫合剂进行消毒，然后进行保护。常见的保护方法有涂抹油漆、稀泥和地膜包裹等，这些伤口保护方法均能防止伤口失水并进一步扩大，但是在促进伤口愈合方面不如涂抹伤口保护剂效果好。现在已有一些商品化的果树专用伤口保护剂，生产中可选择使用，也可以自己进行配制。

（1）液体接蜡。用松香6份、动物油2份、酒精2份、松节油1份配制。先把松香和动物油同时加温化开、搅匀后离火降温，再慢慢地加入酒精、松节油，搅匀装瓶密封备用。

（2）松香清油合剂。用松香1份、清油（酚醛清漆）1份配制。先把清油加热至沸腾，再将松香粉加入拌匀即可。冬季使用应酌情多加清油；热天可适量多加松香。

（3）豆油铜素剂。用豆油、硫酸铜、熟石灰各1份配制。先把硫酸铜、熟石灰研成细粉，然后把豆油倒入锅内熬煮至沸腾，再把硫酸铜、熟石灰加入油内，充分搅拌，冷却后即可使用。

此外，石榴树常因载果量太大造成大枝自基部劈裂，对于这类伤害，应采用支棍进行撑扶，并及时刮平劈裂处，然后用塑料薄膜包裹，促使伤口愈合。劈裂的枝条可以不用紧密绑回原处，让其继续保持劈裂状态，伤口愈合往往较回复到原位置好。

九、 软籽石榴的抗灾栽培

不良的气象因子和环境条件如高温、低温、干旱、水涝、大风、大雪、雨凇、雪凇、霜冻、冰雹等，轻则对石榴的丰产形成障碍和不利，重则对石榴造成毁灭性的灾害。这些灾害性天气近年在我国不同石榴产区，都不同程度地发生过，因此必须充分重视石榴的抗灾栽培。

（一）低温冻害及预防

导致石榴冻害发生的原因有寒流降温、雪、雪凇、雨凇、霜冻等，其中寒流降温是造成冻害的主要因子。石榴在休眠期或在发芽期前后，或在落叶期前后，遇到0℃以下的低温都有发生冻害的可能。冻害是影响石榴引种及北方产区石榴生产的主要问题，轻则枝、干冻伤，重则整株树整园死亡，常造成毁灭性的灾害，给生产带来极大损失，因此北方石榴产区要特别重视冻害的发生及预防。

1. 冻害发生的频率

冬季不正常低温或极端性天气的发生，有一定的周期性，往往对石榴树造成冻害。长江以南地区，平均发生频率为10年左右1次；而沿黄地区发生冻害的频率一般为7~8年1次。

2. 引起石榴树冻害的原因

（1）温度。低温是造成石榴树冻害的主要原因。在冬季正常降温条件下，旬最低温度平均值低于-7℃、极端最低温度低于-13℃时易出现冻害；旬最低温度平均值低于-9℃、极端最低温度低于-15℃时易出现毁灭性冻害。但在寒潮来临过早（沿黄产区11月中、下旬），即非正常降温条件下，旬最低温度平均值-1℃、旬极端最低温度-9℃时，也易导致石榴冻害。例如，1987年11月下旬河南省石榴主产区的封丘、开封、巩义发生的石榴树冻害，其最低气温分别为-12.0 ℃、-9.1 ℃、-5.3 ℃。再如，2009年11月10日黄淮地区普降中到大雪，最低气温降至-8 ℃左右，持续3～4天，此后整个冬季气温接近常年平均值，降雪地区石榴树遭受毁灭性冻害。又如，2015年11月23日黄淮地区普降中到大雪，最低气温降至-8 ℃左右，持续3～4天，此后温度恢复至常年平均水平，至2016年1月22～24日本地区又出现极端最低温天气，最低气温普遍降至-10 ℃以下，山东省峄城石榴产区更降至-16～-17 ℃，降雪地区的石榴树再次遭受毁灭性冻害。前一种冻害是在石榴休眠期发生的，石榴树体经过降温锻炼，抗寒性相应提高，只有较低的温度（-15 ℃～-13 ℃）才能造成冻害；严重发生的特点是地上部乃至整株树均受害，干、枝死亡。而后一种则是成龄石榴树刚落完叶、幼龄树部分落叶，石榴树尚未完全停止生长，没有经受过低温锻炼，抗寒性较低，因此，虽然致害温度相对较高，但仍发生了冻害。这种冻害发生的典型特征是根茎部受害，木质部与韧皮部间形成层组织坏死，易产生离层。

（2）品种。不同品种抗寒遗传基础不同，对冻害的抗御能力也有差别，一般落叶晚的品种抗寒力较弱。由于原产地自然条件的不同，形成了不同的遗传差异，导致不同的抗寒性。例如，生长在亚热带地区的石榴品种抗寒性明显低于暖温带地区石榴品种，我国石榴品种南树北引，石榴树极易因不耐冬季低温而受冻害。

（3）立地条件。立地条件不同，冻害发生程度也不同，一般多风平原地区冻害严重，丘陵地区次之，丘陵背风向阳处最轻；丘陵地区，阳坡的石榴树冻害轻于阴坡沟沿的石榴树。不同地形生长的石榴树遭受冻害的差异，实为温度效应差异（表9-1）。

表9-1　强寒流降温造成石榴冻害情况调查

产区	地形	日平均气温≤0 ℃负积温（℃）	日最低气温≤0 ℃负积温（℃）	水浇地1年生苗地上部冻死（%）	健壮成龄树冻害指数（%）
封丘	平原	-27.8	-59.2	100.0	26.88
开封	平原	-21.5	-52.7	99.2	20.00
荥阳	丘陵上部	-14.2	-37.3	96.0	15.11
巩义	丘陵下部背风向阳处	-11.2	-30.3	86.1	10.77

在同一立地条件下，有防护林、地堰、高墙等屏障挡护的石榴树冻害较轻；同一株树迎风面冻害较重；空旷田野的石榴树冻害较重，庭院石榴树冻害较轻或无冻害。

（4）土壤水分。因土壤水分缺乏，导致土壤冻层加厚。据笔者1997年1月8日调查：连续5日气温在-9～-4℃的情况下，适时冬灌的冻土层为8厘米，冬灌晚的冻土层为9.9厘米，而未冬灌的冻土层为11厘米，在冻害发生过程中，冻土层越厚，根系及地上部受冻害越严重。当土壤水分适宜时，也不易发生"旱冻"和"抽条"现象。

（5）苗木来源。用不同繁殖方法获得的苗木，因其根群数量与质量的不同，冻害轻重程度也不一样，实生苗根群质量最好冻害最轻，根蘖苗次之，扦插苗最重。近年来各地在发展"突尼斯软籽"石榴品种时，大量采用本地抗寒性强的品种作砧木高接育苗，或大树高接换头，可以达到一定的抗寒栽培目的。

（6）树龄树势。树龄大小对冻害的抵抗能力不同，7年生左右的树抗寒性最强；低于4年生的幼树，树龄越小，抗寒性越弱；15年生以上的成龄树，因长势逐渐衰弱又易受冻害。

树势生长健壮、无病虫为害的石榴树冻害较轻，反之冻害较重。

3. 冻害的症状

受冻害较轻时受冻部位树皮表皮为灰褐色，第二年生长季节表皮块状开裂并逐渐脱落，裸露出内层青色树皮；严重时为黑色块状或黑色块状绕枝、干周围形成黑环，在冬春季树皮即开裂，深达木质部，甚至木质部开裂，黑环以上部分逐渐失水后造成抽条而干枯。从受冻部位的横纵切面来看，因受害程度不同而受害的形成层呈浅褐色、褐色或深褐色。植株受冻后，因冻害轻重及受冻部位不同，不一定表现出冻伤症状，受冻害严重时，春季根本不能发芽；受冻害轻时，特别是非正常降温引起的轻度冻害，春季虽能萌芽，但芽会逐渐死亡；树体受冻后，受冻部位形成伤疤，极易染病，有些树当年不死，以后也会因生长弱，慢慢死亡（图9-1～图9-3）。

图 9-1　树皮冻害症状

图 9-2　木质部冻害症状

图 9-3　植株冻害症状（春天发芽后地上又枯死）

4. 冻害的预防

（1）选用抗寒品种。如河南省新育成的蜜露软籽、蜜宝软籽、豫石榴1号、豫石榴2号等，抗寒性强，适宜黄淮及以南地区种植。除选用抗寒品种外，还可以选用抗寒性较强的品种作砧木，在距地面110厘米以上处嫁接选定的优良品种。

（2）选择适宜的地点建园。石榴园应建在温暖地带或背风向阳山坡的中部、中下部；丘陵地的中部和中上部及丘陵顶部台地。避免在平地、山谷下部和谷底，尤其是槽形谷地和盆地易集冷空气的地方建园。

（3）保持健壮的树势。采取综合管理措施使石榴树保持健而不旺、健而不衰的健壮树势，从而提高其对低温的抵抗能力。

（4）控制后期生长，促使正常落叶。正常进入落叶期的果树，有较强的抗寒力。因此在果园水肥管理上，应做到"前促后控"，对于旺长的石榴树，可在正常落叶前30～40天，喷施40%的乙烯利水剂2 000～3 000倍液，促其落叶，使之正常进入落叶休眠期。

（5）合理间作。石榴园间种其他作物应以防止石榴树秋季旺长、保证正常落叶为前提，秋季不宜间作需水肥较多的白菜、萝卜等秋菜；而应间作春、夏季需水肥多的低秆作物，如花生、瓜类、豆类、绿肥等。

（6）早冬剪喷药保护。冬剪时间掌握在落叶后至严冬来临之前，沿黄石榴产区以11月中、下旬至12月上旬为宜。

修剪时尽可能将病虫枝、伤残枝、枯死枝剪除，减少枝量相应就减少了枝条水分消耗，可有效预防"抽干"和冻害，在干旱风大的地区，效果尤为明显。

对修剪造成的大的伤口，应用保护剂保护，如用接蜡、凡士林、白漆等涂抹，防止伤口受冻。

冬剪之后及时用石硫合剂或波尔多液对全树喷雾，既可防病防虫，又可为树体着一层药液保护膜而防冻。

有选择地使用果树防冻液。目前市场销售的果树防冻液，按其防冻原理大概分两种类型：一类是在落叶前喷洒，增加树体养分积累，特别是提高细胞内糖的浓度，以提高树体抗寒防冻能力；另一类可在落叶后、严寒低温来临前10～15天喷洒，在树体表面形成一种保护膜，达到防寒的目的。果树防冻液只起到辅助防寒作用，不能根本解决问题。

（7）根茎培土，树干保护。有研究表明，地面线至地上35厘米处石榴树干，是细胞和水分最为特殊、敏感的部位，也是导致树体死亡的生命区。因地面温度变幅较大，以致根茎最易遭受冻害。定植1～2年生的幼树尽量埋干防冻；大树不能埋干的，先用涂白剂涂白或涂防冻剂，然后高培土，培成上尖下大的馒头

图9-4　树干涂白

形，高度为50～80厘米；或者树干缠塑料布条、捆草把、缠包防水材料等，这些缠包材料使用时，要注意避免冬季雨雪天气结冰造成二次伤害（图9-4、图9-5）。

（8）早施基肥，适时冬灌。结合浇越冬水适时冬施基肥，既起到稳定耕层土壤温度、降低冻层厚度作用，又可使树体及时获得水分

图9-5　基部培土

补充，防止枝条失水抽干造成干冻。冬灌时间以夜冻日消、日平均气温稳定在2℃左右时为宜，沿黄地区时间为11月中、下旬至12月上旬。

（9）设立风障，利用小气候。利用防护林、地堰、高墙等屏障保护，防护林在林高20倍的背风距离内可降低风速34%～59%，春季林带保护范围内比旷野提高气温0.6℃，所以在建园时应考虑在园地周围营造防护林；也可在树行间设立秸秆、挡风篱笆等；此外，还可以利用背风向阳的坡地、沟地、地堰、高墙等小气候适宜地区建园。

（10）园地树行间设置生物积温发酵槽。于秋季落叶后在树行间顺行向开深50厘米、宽50～60厘米的沟，将粉碎后的秸秆掺入有机肥、微生物菌剂等平铺在沟内，厚度10厘米左右，然后将土覆盖表面。当秸秆开始发酵后地表温度会升高，有助于提高整个冬季全园地面温度，并形成气流隔寒。

（二）高温日灼及预防

在6～8月空气温度升高到某一界限温度以上时，石榴树的生长和发育会受到不良影响，致使石榴树体受到伤害。

据研究，当温度达到40～50℃时，高温使酶类钝化、叶绿体结构遭破坏，光合作用几乎停止。而呼吸作用在一定的温度范围内，温度越高，呼吸作用增强，当超过40℃的温度时，呼吸作用比光合作用强，这时果树制造的养分没有消耗的多。当持续高温、蒸腾作用增强、水分得不到及时补充、叶面气孔又不能正常闭合时，植物体内大量的水分通过气孔向大气逸出，使果树呈饥饿失水状态而发生萎蔫。此时，若高温伴有强烈的光照，有可能使石榴树和果实发生灼伤，以果实、叶片灼伤多见。

1. 果实日灼病的症状及不良影响

石榴果实、叶片被灼伤，又称作"日灼病"，或叫"日烧病"，属于石榴生理病害。症状表现为：果皮初期光泽暗淡，并有浅褐色的油渍状斑点出现，进而变成褐色、赤褐色、黑褐色大块病斑；日灼病发生后期，病部出现轻微凹陷，脱水后病部变硬，病斑中部出现米粒大小的灰色瘤状突起，其内部果皮变褐、坏死，内部籽粒不发育或发育不全，红籽粒品种籽粒为白色不变色，或者籽粒部分凹陷上有褐色斑点；重则果实部分或整体腐烂掉。

石榴日灼病果容易被病原菌侵染而诱发其他病害，并影响外观，降低食用价值，最终影响产量和经济效益。日灼病果症状（图9-6～图9-8）。

图9-6 日灼果面

图9-7 套塑膜袋日灼果面

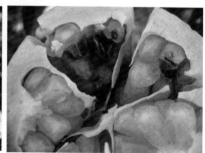

图9-8 日灼后果实内籽粒

2. 果实日灼病的发生原因及相关因素

石榴果实日灼病发病的原因，是果实局部温度过高。一般认为：当果面温度达到40℃以上并持续一定时间时，易对果实组织造成灼伤，而果实局部高温，则是在太阳辐射强度大或强日光直接照射下形成的。

（1）果实日灼病发生的时间与气象因素。据调查，石榴果实灼伤发生的季节和月份，一般在夏秋季节的6～8月，以7月发生率较高。在一天中发生灼伤的时间多在13～15时，以14时前后为多。除温度外，发生日灼与当时的其他气象因素也有关系。如风的有无，有风时，可以加速器官和组织蒸腾作用的进行，同时风的运动可以降低大气和果面温度，避免日灼病的发生，而无风时日灼病易于发生；无云或少云天气易发生日灼病，有云或多云天气日灼病不易发生；干旱使果面组织因蒸腾作用水分大量缺失，温度升高形成日灼病，适当的空气湿度和土壤墒情，则可减轻日灼病的发生；高温、高湿、强光照条件下，也易造成果实组织短时间内水分过多过快地丢失，导致日灼病的发生。

（2）果实日灼病发生与栽培因素。据调查，不同的立地条件、土壤质地、肥力水平、树体形状、修剪程度等因素与日灼病的发生有一定的关系。湿润平坦和背阴的丘陵坡地不易发生，而干旱向阳的丘陵坡地易于发生；壤土和黏壤土质、肥力高的果园不易发生，而沙土和沙壤土质、肥力差的果园易于发生；纺锤形和分层形的树形不易发生，而开心形的树形易于发生；修剪量大、修剪重的日灼病重，而修剪量适中的日灼病轻。

（3）果实日灼病发生的生物学因素与部位。石榴果实日灼病的发生与果实着生的部位、着生姿势、果枝长短、主枝角度、树体长势等因素有关。树冠南部和偏西南部日灼病发生率较高，而其他方位较低；果实萼筒向下的"下垂果"发生率偏低；长果枝果实因枝长、果实下垂、其上有叶子遮阴日灼病发病率低，而短果枝果实因其上遮阴的叶子少则发生率高；主枝角度大的日灼病重，主枝角度合适的日灼病轻；树体长势强壮、叶片繁密的发生日灼病轻，而树势衰弱、叶片稀小的发生日灼病重。从果面上看，日灼病发生的部位，一般在果实的中上部、南方或偏南方向，与其向阳面的角度和当时太阳高度角有关。

3. 果实日灼病的预防

（1）选择合适的园址。选择适宜石榴生长的壤土、轻黏壤土或轻沙壤土质、山前台地或丘陵坡地的中上部、肥力较高、灌排方便的土地建园，从根本上解决问题。

（2）选用抗病品种。据观察，表皮组织粗糙的石榴品种抗日灼性较强，而表皮质地细嫩的品种抗日灼性较差。生产上应选择适宜当地条件的抗日灼性强的品种。

（3）选择合适的树形。选择自然纺锤形、改良纺锤形进行整形，少用开心形整形，因开心形无中干，光照直射内膛，易使暴露在叶外的果实受灼伤。

（4）合理修剪，注意分枝角度。每年的修剪量要适度，修剪过轻则易造成前期冠内郁闭，果实着色不良，后期枝条衰弱，结果率下降；修剪过重，则易造成冠内出现大"窟隆"，使下部果实被灼伤，特别是疏除或回缩树冠南部和偏南方向的多年生辅养枝时应注意。

因石榴树枝条比较柔软，在整形拉枝和载果量大撑顶绑缚结果枝时，应注意其处理角度，一般应掌握在拉枝时不大于60°，撑顶时不大于70°。

（5）合理密植，注意通风透光。建园时应综合考虑合适的密度，不可盲目密植，以免在成园后造成果园郁闭，通风透光不良，树冠上部发生日灼病，下部又影响果面着色。

（6）合理选定果。在选定果时，应多留下垂果、叶下果，少留出叶的"朝天果"，疏去过晚的7月果和细长枝梢的顶端果。

（7）果实套袋。果实套袋是预防日灼病和病虫害、保持果面干净、提高果实商品质量的有效措施。目前各产区套袋选用的有果实专用白色木浆纸袋、双层纸袋、塑料薄膜袋、白色无纺布袋等多种。笔者研究表明，以选用白色木浆纸袋、白色无纺布袋效果最好。方法是在果实发育初期、尾部膨大发青、生理落果后，经过防病虫处理，将石榴果实套袋，在果实成熟采摘前10～15天，于晴天16时后、阴天全天先撕开袋下部，2～3天后再去掉袋。

（8）降低温度，增加湿度。在干旱时，可采取园地浇水或高温时段叶面喷水等措施，适当增加土壤湿度，降低果面温度；有条件的果园可采用生草栽培法，保持果园温度相对稳定，减轻日灼病发生程度。

（三）雪灾及防护

据调查和多年实践经验，我国黄淮石榴产区，冬季中雪量级的降雪，加之持续1周以上的低温就有可能对石榴树造成冻害。

1. 大雪对石榴树危害的成因

（1）重力压折。大雪因重力作用致石榴树枝干压折受害。

（2）融雪受冻。雪在融化时从周围包括从树干内吸收热量，导致局域空气温度降低，使树体受冻；雪后转晴，白天温度回升时雪融化一部分，晚上温度降低雪水成冰，枝干上形成冰层，使枝、干弹性降低，刮风时容易折断或枝干皮层受机械创伤；另外，枝、干结冰后渗透压高于枝、干组织细胞内的渗透压，迫使水分外渗，造成组织伤害。

（3）主干皮层受冻。当地表被雪覆盖时，相当于原来地面的雪层表面温度较低，且变幅较大，特别是在雪后晴天和辐射降温的夜间，雪层表面以上气温比裸露地面气温低3~7℃，极易对雪层表面以上的主干皮层造成冻害。

（4）根系窒息受害。大雪使地面覆盖了一层厚厚的积雪，积雪时间越长，积雪层越厚，沉降的作用越强，积雪的密度就越大，导致积雪层下土壤氧气减少，易使石榴根系呼吸作用受到影响，直至窒息死亡。

2. 雪害的预防

（1）雪停后，晃动枝干，抖落枝条上的积雪，避免对枝干的压折，还可以防止融雪时雪水在枝条上结冰冻伤枝条。同时要及时清除树冠下的积雪，至少距树干60厘米范围内的积雪要铲除，减轻因融冰降温而冻伤石榴树（图9-9）。

（2）积雪层较薄时，可用草木灰、炭黑或水等撒在雪层表面，促其融化，以减轻冻害的影响。

（3）我国北方石榴产区，冬前应全面做好防冻措施。

图9-9　雪后及时除雪

（四）雨凇及防护

雨凇又叫冻雨，是由过冷却水滴与地面、地上物体碰撞后即刻冻结成冰的一种天气现象。雨凇在我国各石榴产区，特别是高海拔的云南、贵州等地区，从深秋至翌年初春都可能发生，开始期多为12月，早则11月，结束期多在3月，以1～3月多见。在黄淮地区雨凇发生的频率约1.5年1次。

图9-10　石榴雨凇害

1. 雨凇对石榴树的危害

（1）重力压折。雨凇的密度较大，为0.8～0.9克/厘米^3，雨凇使全树布满粗细不一的冰棒，成为一株银装素裹的"玉树"，所增加的重量，可达植株自重的5～20倍，可使石榴树遭受到枝干压折、倒干等危害（图9-10）。

（2）枝干覆冰窒息受害。

（3）枝干皮层机械损伤。枝干覆冰后，弹性降低，风吹摆动易使枝干皮层机械扭伤。

（4）融冰降温受冻。1克0℃的冰，融化成0℃的水需吸收334.994焦耳的热量，雨凇融化时需吸收大量热量，致使枝干受冻。

（5）植物组织细胞外结冰，水分外渗，生理失水受害。

2. 凇害的预防

（1）避免在迎风处建园。据研究，雨凇在山脊迎风处危害严重，黄淮地区雨凇时常伴有北风或偏北风。故宜选择在南坡建园或在果园北面营建防护林，以减轻雨凇危害。

（2）及时敲打凇冰减轻压折、倒伏及冻害。

（3）对压折的枝干，在折断处绑缚加固，争取枝干恢复生长，对损伤严重的枝干，予以截除，伤口大的涂保护剂保护。

（五）霜冻及防护

霜是秋季至春季由平流或辐射降温，使水汽在地面和近地面物体上凝集而成的白色松脆的小冰晶，或由露冻结而成的冰珠。能看见的霜称之为"白霜"，而只看见植物叶子被冻坏呈黑色状，没有白色凝结物出现的霜称之为"黑霜"或"枯霜"。霜发生时因低温使果树遭受冻害叫霜冻。发生霜冻时近地面空气中，水汽达到饱和状态时，易出现"白霜"；水汽不足时，易出现"黑霜"，而"黑霜"对果树和农作物的危害往往比"白霜"严重。

1. 霜冻发生的时间及危害机制

在秋季第一次出现的霜冻称为"初霜冻"；在春季发生的最后一次霜冻称为"终霜冻"。初霜冻后到终霜冻的持续日数称"霜冻期"；终霜冻后到初霜冻的持续日数称"无霜期"。我国石榴分布范围较广，南北纬度跨度大，各产区遭受初、终霜冻影响的时间不同。

初霜冻出现的日期：10月初，沈阳、承德、榆林、甘肃岷县、昌都、拉萨一线初霜开始；11月初，霜冻线南移达山东半岛的烟台、临沂、郑州、西安经青藏高原东坡到滇西北一线；12月，霜冻线移至东部北纬30°左右、西部汉水、云南北纬25°左右以南；1月初，霜冻线南进到东部北纬25°左右和西部云南最南部；四川盆地内12月中、下旬以后才有霜冻，比东部同纬度平原地区晚30～40天之久；我国无霜冻区为西双版纳、河口地区、台湾大部、雷州半岛以南的海南岛和南海诸岛等地区。

终霜冻日期的分布形势和初霜冻日期相反。即初霜最早的地区，其终霜最晚。四川盆地大部、东部北纬27°~28°以南地区3月初一般不再见霜；秦岭、淮河以南3月底4月初断霜；临沂、枣庄、开封、郑州、洛阳一线以南4月10日前后断霜；济南、安阳、西安一线以南4月20日前后断霜；沈阳、承德、太原、甘肃平凉直至滇西北线以东南地区5月初终霜。

各石榴产区要根据本地霜冻的出现日期，提前做好预防工作。

霜冻的危害，实质是冻害（图9-11）。

图9-11　石榴霜害症状

2. 霜冻的预防

（1）慎选园址。霜冻发生时，由于冷空气密度大，容易向低洼的地方沉积，温度比平地低4~5℃，故低洼地易受霜害，而丘陵坡地较轻；就坡向而言，南坡霜害轻，北坡霜害重；在有湖、河水域面积大的地方，因水的热容量大，降温慢，冻害发生轻。所以应选择有天然屏障的山前台地和向阳的南坡坡地或水域附近建园。

（2）营造防护林。抵御寒流，减轻危害。

（3）园地灌水。灌水后土壤的热物理性状得以改善，温度比干旱地可提高2℃左右，可有效地提高石榴树抗御霜冻能力。根据天气预报在霜冻前1~2天灌水，效果较好。

（4）树冠喷水。根据天气预报于霜冻来临前一天树冠喷水，以增加枝条的含水量避免干冻，同时，水在冻害发生时还会释放出一定的热量减轻霜冻危害。

（5）地面覆盖。地面覆盖秸秆或地膜，可以减少地面有效辐射，提高地温1~2℃，从而降低霜冻危害程度。

（6）熏烟或生火。霜冻发生前，在石榴园内及周围按照一定的密度，均匀堆积杂草、树叶、秸秆等，有条件时可加入无毒的发烟剂如红磷、硫黄等，在温度下降至近0℃时点燃，让其只冒烟，不起明火，使近地面笼罩一层烟幕，防止地面热量的散失。同时，在制烟过程中，也会产生大量热量，这样，烟雾覆盖与点火增温可使近地面气温升高1~2℃。近年，我国冬春季雾霾现象较重，为减轻空气污染，国家明令禁止焚烧柴草。可在霜冻来临前，根据温度降低程度，在果园内不同点均匀点燃火炉，生火增温防霜冻。一般温度降低至近0℃时，每亩点燃15个左右煤球炉；温度降低至近-2℃左右时，每亩点燃30个左右煤球炉。

（六）冰雹及防护

冰雹，也叫冷子。是从发展强盛的积雨云（也叫冰雹云）中降落的大小不等的冰块或冰球，是一种灾害性天气现象。

1. 降雹的分布和出现时间

（1）降雹地理分布特点与季节变化。在亚热带向暖温带过渡地带，境内自然环境复杂，气流活动频繁，都可能形成降雹的条件。地理分布方面：在黄淮地区山地多于平原，北部多于南部，相对集中于山地和平原的交界地区；季节方面：全年各月都有可能降雹，但各月出现次数悬殊，以2~9月较多。亚热带地区2~6月较多，个别年份冬季也可能降雹，暖温带地区6~7月较多；不同气候区均以春末和夏季出现机会较多。

（2）降雹持续时间和日变化。用降雹的持续时间和冰雹直径表示降雹强度,黄淮流域降雹持续时间一般在30分钟之内,多为5~15分钟。冰雹直径一般在0.5~3.0厘米,大的直径超过25厘米;重量多为0.5~5.0克,但也有特殊情况,如1970年7月9日下午,河南省嵩县降雹3分钟,其中最大的冰雹重量达1750克左右;再如2015年8月28日、30日,河南省荥阳市广武镇接连遭遇大风、冰雹天气,特别是30日傍晚,降下的冰雹有鸡蛋大小,降雨、降雹持续时间超过30分钟,使当地包括石榴在内的多种果树和农作物损失惨重,几近绝收。

一日之内降雹多集中于13~18时,南北差异不明显。一般降雹在白天,而亚热带地区也有夜间降雹现象。

2. 冰雹对石榴的危害

冰雹对石榴的危害主要是重力创伤,冰雹从数千米的高空降落,冲击力是其重量的数倍,而一般降雹天气常伴有大雨大风,所以雹灾轻则造成叶子残破不全,影响光合作用,果实受伤,斑痕累累,降低商品价值;重则造成枝条皮层受伤,枝条折断,叶果脱落,颗粒无收。受冰雹袭击重灾后,树体伤口极易遭受病菌侵染,引发病害,组织坏死,导致树势早衰(图9-12、图9-13)。

图9-12 果实雹害 　　　　　　　　　图9-13 枝条雹害

3. 雹灾的预防和补救措施

(1)植树造林。大面积树木可以改变小区气候,使之不易产生强烈的上升气流,这是防雹的根本办法。

(2)科学选择园地。"雹过一条线,年年旧路串",这说明冰雹的活动路线有一定的规律性。在建园时,要了解掌握冰雹在本地的活动规律，将石榴园建在冰雹移动路径以外的地方。

（3）高炮或火箭防雹。根据预报在降雹前，用高炮或火箭轰击冰雹云，使炮弹或火箭在冰雹云中爆炸，利用其产生的冲击波，改变空气在云中的流动规律，破坏上升气流，促进云内外空气的交换。冲击波导致小冰粒数量增加，减少冰雹体积增大机会，而大的冰雹在冲击波的作用下，也会被破坏变成小冰雹。

（4）药物催化。降雹前，用高炮或小火箭将顶部装有氯化物（氯化钠、氯化钙），或碘化物（碘化银、碘化铅），或干冰的弹头发射到积雨云中，弹头爆炸，化学物质分散。据研究，1克碘化银能产生1万亿计的冰晶核，这些人造冰晶核，可迅速吸收积雨云中的过冷却水，限制冰雹的增长，或在其到达地面前即自行融化为雨滴降落。

（5）雹后补救。雹后及时喷洒杀虫杀菌剂防止病虫害的发生；剪去伤残枝条，加强水肥管理，使树势尽快复壮。

（七）大风及防护

风速每秒≥20.7米、风力8级以上称为大风。8级以上大风可使树木枝条折断，10级阵风可使树木连根拔起，建筑物损坏严重。

1. 大风对石榴的危害

多风地区一年四季均可受到大风危害，春季大风使土壤和树体水分缺乏造成干旱，影响正常的发芽抽枝；新芽期易造成叶缘枯焦，叶片失水，气孔关闭，光合作用下降甚至叶片脱落；开花期大风限制了昆虫活动影响传粉，同时，大风导致花朵脱落，花粉粒失水，生活力下降，受精不良，坐果率降低；夏秋季吹落果实，擦伤果皮，扭伤枝干等；冬季大风，往往造成寒流降温，土壤冻层加深，冻害加重，还易引起盐碱地返碱。生长期多风的果园，增加了树体、果实擦伤，果枝扭伤等机械损伤的机会，对病菌的传播、侵染十分有利，影响果树的正常生长。

2. 对大风的防护

（1）营造防护林。据研究，防护林在树高0～30倍的距离，紧密结构林可降低风速75%～35%；疏透结构林可降低风速74%～43%；

通风结构林可降低风速51％~46％。有条件的果园和大型果园，特别是多风地区，营造不同结构的防护林，是防风、冬季防冻的重要措施。

（2）选择背风处建园。根据当地大风的主要风向避开风口，选择背风处建园，既可以防止风害，又可以防止冬春季大风寒流强降温造成的冻害。

（3）灌水。风后及时灌水，补充树体水分亏缺，矫正大风引起的生理失常，尽快恢复树体的正常生长发育。

（4）降低主干高度。多风地区主干高度比正常情况降低20厘米左右，使树冠重心下移可提高抗倒能力。

（5）选择适宜的树形。改单干形为多干形，分散树冠对单干的压力，增强抗倒能力。

（6）绑缚加固。果实生长期，及时进行疏花疏果，保持合适载果量，并对结果主枝、主干，用杆、棍绑缚加固，以防被大风折断。

（7）风后保护。大风后，应用杀菌剂或其他保护剂对树体进行喷雾，防止病害发生。

（八）干旱及防护

干旱是制约石榴丰产的主要障碍因子之一。据笔者1997年调查，在石榴果实膨大期水量减少47.41％、果实迅速膨大期水量减少61.89％时，丘陵旱地石榴减产19.04％~30.95％。

1. 干旱发生的区域和季节

我国地域广阔，各地气候特点、降水量差别较大，干旱发生的区域和季节不同。东北和华北地区春季干旱较多；秦岭、淮河以北地区，春旱或春夏连旱居多，个别年份春、夏、秋连旱；秦岭、淮河以南到广东、广西北部，夏秋旱较多而春旱较少；华南南部多发生秋冬旱或冬春旱，有些年份有秋冬春连旱现象；川西北常有春夏旱；川东有伏秋旱。整体上，我国各地由于受大陆和海域的影响不同，故干旱发生的区域是东部沿海轻，西部陆地重；南部沿海轻，而北部陆地重。

黄淮石榴主产区，近年旱情有加重趋势。

2. 干旱的危害

干旱使植物体得不到及时的水分补充，导致生理生化发生反常现象。

生长季节为了抵御干旱减少水分蒸腾散失，植物体气孔关闭，影响了二氧化碳的摄入，叶绿体合成受抑制，减弱了光合作用的进行；由于植物体内水分缺乏，易造成落蕾、落花、落果；干旱缺水常导致叶片脱落，减少了光合作用面积，养分积累减少，影响花芽分化和来年的产量；夏季高温干旱还易导致植物体温升高、代谢紊乱，叶、果组织被灼伤；秋季干旱，易导致树体提前落叶，生长期缩短，组织发育不充实；冬季干旱遭遇低温时树体易受冻；生长季节久旱遇雨，树体内部组织的剧烈异常变化，还可能导致植株死亡，特别是果实成熟前期，久旱遇雨，极易造成裂果。

3. 干旱的预防

（1）植树造林，改善生态环境。这是从根本上解决干旱问题的关键措施。

（2）改善灌溉条件。可用井灌、提灌、喷灌、滴灌、渗灌等方式改善和提高果园灌溉条件，彻底解除干旱对果园的威胁。

（3）整修梯田，防止水土流失。山地、丘陵、坡地，按等高线修梯田建园，坡度太大时挖半圆形鱼鳞坑栽树。质量高的梯田，可拦蓄70%～80%的降水量，其效果较鱼鳞坑好，同时，石榴树的发育和产量也较好。

（4）深翻改土。土壤含水量与土层厚度、土壤的理化性状、有机质含量相关。土壤肥沃，土层深厚，土壤持水能力提高。据测定，经深翻改土的土壤孔隙度提高12.66%，土壤含水量提高7.6%，而深翻改土的石榴根系较未深翻改土的深20厘米，根量增加184.35%，根系密度（条／平方米）增加106.71%，根量和根系密度的增加，有利于对水分的吸收，提高了石榴的抗旱能力。

（5）园地覆盖。据研究，覆盖塑料地膜的土壤含水量较不覆盖地膜的提高35.63%～87.5%；覆盖秸秆的土壤含水量较不覆盖秸秆的提高29.89%~75%。覆盖的效果还表现在高温期可以降低地温。覆盖地膜的较不覆盖地膜的降低地温0~2.7℃，降温幅度为0~8.26%；覆盖秸秆的较不覆盖秸秆的降低地温2.2~4.7℃，降温幅度为8.3%~14.37%。覆盖使干旱高温季节地温降低，减轻了对根系的伤害。覆盖材料可选择黑白色塑料薄膜、可降解的黑白色无纺布膜、作物秸秆、经过处理的树叶等。从降温、保温、增加土壤有机质、改善土壤结构等综合因素考虑，提倡秸秆覆盖。有条件的可以采用生草栽培，提高果园抗旱能力和降低夏季果园温度。

（6）使用抗旱抑制剂。目前果树生产上应用的抗旱抑制剂有抗旱剂1号、阿斯匹林等。据报道，用0.05%~0.1%的阿斯匹林水溶液喷洒果树，能减少因干旱引起的落花落果，增加产量。此外，在土壤中使用土壤保水剂，对提高土壤含水量、增强石榴树抗旱能力有较好的效果。

十、石榴病虫害防治

（一）病害防治

1.石榴干腐病

在国内各产区均有发生，除为害干、枝外，也为害花器、果实，是石榴的主要病害，常造成整枝、整株死亡。

（1）症状与发生。干、枝发病初期皮层呈浅黄褐色，表皮无症状。以后皮层变为深褐色，表皮失水干裂，变得粗糙不平，与健部区别明显。条件适合发病部位扩展迅速，形状不规则，后期病部皮层失水干缩、凹陷，病皮开裂，呈块状翘起，易剥离，病症渐深达木质部，直至变为黑褐色，终使全树或全枝逐渐干枯死亡。而花果期于5月上旬开始侵染花蕾，以后蔓延至花冠和果实，直至1年生新梢。在蕾期、花期发病，花冠变褐色，花萼产生黑褐色椭圆形凹陷小斑。幼果发病首先在表面产生豆粒状大小不规则浅褐色病斑，逐渐扩展为中间深褐色、边缘浅褐色的凹陷病斑，再深入果内，直至整个果实腐烂。在花期和幼果期严重受害后造成早期落花落果；果实膨大期至初熟期，则不再落果，而干缩成僵果悬挂在枝梢。僵果果面及隔膜、籽粒上着生许多颗粒状的病原体。石榴干腐病的发生与树势、品种、管理水平、气候条件有关，树势健壮、管理水平

图 10-1 干腐病果

高的果园发病轻；高温高湿、密度大的果园易发病；河南产区蜜露软籽、蜜宝软籽抗病性较好（图10-1）。

（2）病原菌。属半知菌球壳孢属。主要以菌丝体或分生孢子在病果、果台、枝条内越冬，其中果皮、果台、籽粒的带菌率最高。翌年4月中旬前后，越冬僵果及果台的菌丝产生的分生孢子是当年病菌的主要传播源，发病季节病原菌随雨水从寄主伤口或皮孔处侵入。温度决定发病的早晚，发病温度为12.5～35℃，最适温度为24～28℃。雨水和相对湿度加速了病原菌的传播为害速度，相对湿度95%以上时孢子萌发率99%；相对湿度在90%时萌发率不减，但萌发速度变慢；相对湿度小于90%时几乎不萌发。7～8月在高温多雨及蛀果或蛀干害虫的作用下，会加速病情的发展。

（3）防治方法。石榴干腐病是果实的主要病害，应遵循早预防、早防治的原则。

1）选育和发展抗病品种，如蜜露软籽、蜜宝软籽、青皮软籽等。

2）冬、春季节结合消灭桃蛀螟越冬虫蛹，搜集树上树下干僵病果烧毁或深埋，辅以刮树皮、石灰水涂干等措施减少越冬病源，还可起到树体防寒作用。

3）坐果后套袋和及时防治桃蛀螟，可预防该病害发生。

4）药剂防治。从3月下旬至采收前15天，喷洒1∶1∶160的波尔多液，或40%多菌灵胶悬剂500倍液，或50%甲基硫菌灵可湿性粉剂800～1 000倍液，4～5次，防治率可达63%～76%。黄淮地区以6月25日至7月15日的幼果膨大期防治果实干腐病效果最好。休眠期喷洒3～5波美度石硫合剂。

2. 石榴褐斑病

在石榴分布区均有发生。主要为害果实和叶片，重病果园的病叶率达90%～100%，八九月大量落叶，树势衰弱，产量锐减。尤其严重影响果实外观，从而降低了商品价值。其为害程度与品种、土肥水管理、树体通风透光条件和年降水量等有密切关系。

（1）症状与发生。叶片感染初期为黑褐色细小斑点，逐步扩大呈圆形、方形、不规则多角形的1～2毫米小斑块。果实上的病斑形状与叶片上的相似，但大小不等，有细小斑点和直径1～2厘米的大斑块，重者覆盖1/3～1/2的果面。在青皮类品种上病斑呈黑色，微凹状；有色品种上病斑边缘呈浅黄色（图10-2）。

图10-2　褐斑病果

（2）病原菌。属半知菌类的石榴尾孢霉菌。菌丝丛灰黑色，在25℃时生长良好。于4月下旬开始产生分生孢子，靠气流传播。5月下旬开始发病，侵染新叶和花器。黄淮地区7月上旬至8月末为降水量集中的雨季，是发病的高峰期，秋季继续侵染，但病情减弱，10月下旬叶片进入枯黄季节则停止侵染蔓延，11月上旬随落叶进入休眠期。

（3）防治方法。在落叶后至翌年3月清除园内落叶，摘除树上病果、僵果、枯叶深埋或烧毁，达到清除越冬病源的目的。药物防治同石榴干腐病。

3.石榴果腐病

在国内各石榴产区均有发生，一般发病率为20%～30%，尤以采收后、贮运期间病害的持续发生造成的损失重。

（1）症状与发生。由褐腐病菌侵染造成的果腐，多在石榴近成熟期发生。初在果皮上生淡褐色水浸状斑，迅速扩大，以后病部出现灰褐色霉层，内部籽粒随之腐坏。病果常干缩成深褐色至黑色的僵果

图10-3　果腐病果

悬挂于树上不脱落。病株枝条上可形成溃疡斑（图10-3）。

由酵母菌侵染造成的发酵果也在石榴近成熟期出现，贮运期可进一步发生。病果初期外观无明显症状，仅局部果皮微现淡红色。剥开在淡红色部位可见果瓤变红，籽粒开始腐败，后期整果内部腐坏并充满红褐色带浓香味浆汁。用浆汁涂片镜检可见大量酵母菌。病果常迅速脱落。

自然裂果或果皮伤口处受多种杂菌（主要是青霉和绿霉）的侵染，由裂口部位开始腐烂，直至全果，阴雨天气尤为严重。

果腐病的突出症状除一部分干缩成僵果悬挂于树上不脱落外，多数果皮糟软，果肉籽粒及隔膜腐烂，对果皮稍加挤压，就可流出黄褐色汁液，至整果烂掉，失去食用价值。

褐腐病菌以菌丝及分生孢子在僵果上或枝干溃疡处越冬，来年雨季靠气流传播侵染。病果多在温暖高湿气候下发生严重。酵母菌形成的发酵果主要与榴绒粉蚧有关。凡病果均受过榴绒粉蚧的为害，特别是在果嘴残留花丝部位均可找到榴绒粉蚧。酵母菌通过粉蚧的刺吸伤口侵入石榴果实。榴绒粉蚧常在6～7月少雨适温年份发生猖獗，石榴发酵果也因此发生严重。

裂果严重的果腐病相对发生也重。

（2）病原菌。石榴果腐病病原菌有3种：褐腐病菌，占果腐数的29%左右；酵母菌，占果腐数的55%左右；杂菌（主要是青霉和绿霉），占果腐数的16%左右。

（3）防治方法。

1）防治褐腐病。于发病初期用40%多菌灵可湿性粉剂600倍液喷雾，7～10天1次，连用3次，防效95%以上。

2）防治发酵果。关键是杀灭榴绒粉蚧和其他介壳虫如康氏粉蚧、日本龟蜡蚧等，于4月下旬和6月上旬两次喷洒25%噻嗪酮可湿性粉剂800～1 000倍液。

3）防治生理裂果。用浓度为50毫克／升的赤霉素于幼果膨大期喷布果面，7～10天1次，连续3次，防裂果率达47%。

4. 石榴蒂腐病

在国内各石榴产区均有发生，主要为害果实。

（1）症状与发生。果实蒂部腐烂，病部变褐呈水清状软腐，后期病部生出黑色小粒点，即病原菌分生孢子器。病菌以菌丝或分生孢子器在病部或随病残叶留在地面或土壤中越冬，翌年条件适宜时，在分生孢子器中产生大量分生孢子，从分生孢子器孔口溢出，借风雨传播，进行初侵染和多次再侵染。一般进入雨季、空气湿度大易发病（图10-4）。

图10-4 蒂腐病果

（2）病原菌。属半知菌类真菌，石榴拟茎点霉菌。

（3）防治方法。

1）加强石榴园管理。施用充分腐熟的有机肥或生物肥，合理灌水保持石榴树生长健壮，雨后及时排水，防止湿气滞留，减少发病。

2）药剂防治。发病初期喷洒27%春雷霉素·王铜可湿性粉剂700倍液，或75%百菌清可湿性粉剂600倍液，或50%硫黄·百菌清悬浮剂600倍液，10天左右1次，防治2~3次。

5. 石榴焦腐病

在高海拔地区及修剪不合理、日灼病发生重的石榴园发病重。

（1）症状与发生。果面或蒂部初生水渍状褐斑，后逐渐扩大变黑，后期产生很多黑色小粒点及病原菌的分生孢子器。病菌以分生孢子器或子囊在病部或树皮内越冬，条件适宜时产生分生孢子和子囊孢子，借风雨传播。该菌系弱寄生菌，常腐生一段时间后引起果实焦腐或枝枯（图10-5）。

（2）病原菌。属子囊菌门，柑橘葡萄座腔菌。子囊果近圆形，暗褐色。子囊棍棒状，子囊孢子8个，椭圆形，单胞无色。春季产生分生孢子器，分生孢子初单胞无色，成熟时双胞褐色。

（3）防治方法。

1）加强管理，科学防病治虫、浇水施肥，增强树体抗病能力。

图 10-5　焦腐病果

2）药剂防治。发病初期喷洒1∶1∶160的波尔多液，或40％百菌清悬浮剂500倍液，或50％甲基硫菌灵可湿性粉剂1 000倍液。

6. 石榴疮痂病

多雨及管理不善、日灼病发生重的果园发病重。

（1）症状与发生。主要为害果实和花萼，病斑初呈水渍状，渐变为红褐色、紫褐色直至黑褐色，单个病斑圆形至椭圆形，直径2~5毫米，后期多个病斑融合成不规则疮痂状，粗糙，严重的龟裂，直径10~30毫米或更大。湿度大时，病斑内产生淡红色粉状物，即病原菌的分生孢子盘和分生孢子。病菌以菌丝体在病组织中越冬，花果期气温高于15℃，多雨湿度大，病部产生分生孢子，借风雨或昆虫传播，经几天潜育形成新的病斑，又产生分生孢子进行再侵染。气温高于25℃病害趋于停滞，秋季阴雨连绵此病还会发生或流行（图10-6）。

图 10-6　疮痂病果

（2）病原菌。属半知菌类真菌，石榴痂圆孢菌。分生孢子盘暗褐色，近圆形，略凸起。分生孢子盘上着生排列紧密的分生孢子梗，无色透明，瓶梗型。分生孢子顶生，卵形至椭圆形，单胞无色、透明，两端各生1个透明油点。

（3）防治方法。

1）发现病果及时摘除，减少初侵染源。

2）调入苗木或接穗时要严格检疫。

3）发病前对重病树喷洒10%硫酸亚铁溶液。

4）药剂防治。花后及幼果期喷洒1：1：160的波尔多液，或84.1%王铜可湿性粉剂800倍液，或70%代森锰锌可湿性粉剂500倍液。

7. 石榴麻皮病

病因较复杂，全国各石榴产区都有发生。

（1）症状与发生。果皮粗糙，失去原品种颜色和光泽，影响外观，轻者降低商品价值，重者烂果。南方果实生长期处于多雨的夏季及庭院石榴通风透光不良，石榴果实易遭受多种病虫害的侵袭，而在高海拔的山地果园因干旱和强日照易发生日灼病。多种原因导致的石榴果皮上发生的病变统称为"麻皮病"（图10-7）。

引起果皮变麻的主要原因有以下几方面。

图10-7 麻皮病果

1）疮痂病。南方产区该病发病高峰期为5月中旬至6月上旬，与这一时期降雨量有较大关系，降雨多的年份发病较重，6月下旬至7月上旬，管理差的果园，病果率可达90%以上。

2）干腐病。该病初发期为6月上旬，盛发期为6月下旬至7月上旬，以树龄较大的老果园、密度大修剪不合理郁闭严重果园及树冠中下部的果实发病较多。

3）日灼病。在高海拔的山地果园，由于日照强，树冠顶部和外围的石榴果实的向阳面，处于夏季烈日的长期直射下，尤其在石榴生长后期7～8月伏旱严重时，日灼病发生尤为严重。

4）蓟马为害。为害石榴的主要是烟蓟马和茶黄蓟马，以幼果期为害较重。南方产区为害的高峰期为5月中旬至6月中旬，北方果区为害至6月下旬。因蓟马为害的石榴可达85%～95%，且由于蓟马虫体小，为害隐蔽，不易被发现，常被误认为是缺素症或病害。

（2）病原菌。石榴麻皮病是一种重要的综合性病害，重病园病果率可达95%以上。病因复杂，主要由疮痂病、干腐病、日灼病、蓟马为害等所致。

（3）防治方法。石榴麻皮病害是不可逆的，一旦造成为害，损失无法挽回。生产上应针对不同的原因采取相应的综合防治措施。

1）做好冬季清园，清灭越冬病虫。冬季落叶后，结合冬季修剪，清除病虫枝、病虫果、病叶进行集中销毁，对树体喷洒4～5波美度的石硫合剂。

2）药剂防治。春季石榴萌芽展叶后，用80%代森锌可湿性粉剂600倍液或20%丙环唑乳油3 000倍液消灭潜伏为害的病菌。

3）幼果期是防治石榴麻皮病的关键时期，主要做好蚜虫、蓟马、绿盲蝽、疮痂病、干腐病等的防治。

4）果实套袋和遮光防治日灼病。对树冠顶部和外围的石榴果实用白色木浆纸袋进行套袋，套袋前先喷洒杀虫杀菌混合药剂，既可预防其他病虫也可有效防治日灼病，于采果前10～15天去袋。

（二）害虫防治

1. 桃蛀螟

桃蛀螟又名桃蛀野螟、桃实螟、桃蛀心虫等。属鳞翅目，螟蛾科。

（1）分布与为害。桃蛀螟在我国各石榴产区均有分布，是石榴的第一大害虫。据河南省石榴产区调查，一般发生年份虫果率为70%左右，较轻年份也有40%～50%，严重年份可达90%或几乎一果不收，在群众中流传着"十果九蛀"的说法。被害果实腐烂并造成落果或干果挂在树上，失去食用价值。

（2）形态特征。

成虫：体长10～12毫米，翅展24～26毫米，全体黄色。胸部、腹部及翅上都具有黑色斑点。前翅有黑斑27～29个，后翅14～20个，但个体间有变异。触角丝状，长达前翅的一半。复眼发达，黑色，近圆球形。腹部第一和第三至第六节背面有3个黑点，第七节有时只有一个黑点，第二、八节无黑点。雌蛾腹部末节呈圆锥形；雄蛾腹部末端有黑色毛丛。

卵：椭圆形，长0.6～0.7毫米；初产时乳白色，2～3天后变为橘红色，孵化前呈红褐色。

幼虫：成熟幼虫体长22～25毫米，头部暗黑色；胸部颜色多变，暗红色，或淡灰色，或浅灰蓝色，腹面多为淡绿色。前胸背板深褐色；中、后胸及1～8腹节各有大小毛片8个，排列成2列，即前列6个后列2个。

蛹：褐色或淡褐色，体长约13毫米，翅芽发达。第六至第七腹节背面前后缘各有深褐色的突起线；上有小齿一列，末端有卷曲的刺6根。

（3）生活史与习性。桃蛀螟在黄淮地区一般1年发生4代。4月上旬越冬幼虫化蛹，下旬成虫羽化产卵；5月中旬发生第一代；7月上旬发生第二代；8月上旬发生第三代；9月上旬为第四代，尔后以老熟幼虫或蛹进入越冬休眠期。越冬场所主要为残留在果园内的僵果及树皮裂缝、堆果场所和其他残枝败叶。

成虫羽化集中在20：00至翌日凌晨2：00。成虫昼伏夜出飞翔取食、交尾、产卵，羽化后1天交尾，2天产卵，卵散产15～62粒。产卵期为2～7天。产卵场所一般为石榴果实萼筒内，其次是两果相并处和枝叶遮盖的果面或梗洼上。成虫对黑光灯趋性强，对糖醋液也有趋性。卵7天左右开始孵化。

幼虫世代重叠严重，尤以第一、二代重叠常见。在石榴园内，从6月上旬到9月中旬都有幼虫的发生和为害，时间长达3～4个月，但主要以第二代为害重。

钻蛀部位：幼虫从花或果的萼筒处蛀入的占60%～70%，从果与果、果与叶、果与枝的接触处蛀入的占30%～40%（图10-8、图10-9）。

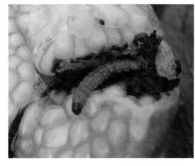

图 10-8　桃蛀螟幼虫　　　　　图 10-9 桃蛀螟幼虫为害症状

（4）防治方法。

1）消灭越冬幼虫及蛹。在冬、春季节结合管理搜集树上、树下虫果、僵果及园内枯枝落叶和刮除翘裂的树皮，清除果园周围的玉米、高粱、向日葵、蓖麻等遗株进行深埋或烧毁，消灭越冬幼虫及蛹。

2）果实套袋。在生理落果后、果实子房膨大时用白色木浆纸袋，或白色无纺布袋，或塑料薄膜袋套袋。套袋前喷洒1次杀虫杀菌剂，以消灭早期桃蛀螟产的卵及有害病原菌。待成熟采收前10～15天拆袋。套袋的好果率可达97%以上。

3）捡拾落果，摘除虫果，消灭果内幼虫。

4）诱杀成虫。在石榴园内放置黑光灯、频振式杀虫灯或放置糖醋液盆诱杀成虫。

5）种植诱集作物诱杀。根据桃蛀螟对玉米、高粱、向日葵趋性强的特性，在石榴园内或四周种植诱集作物，集中诱杀。一般每亩石榴园种植玉米、高粱或向日葵20～30株。

6）果筒塞药棉或药泥。药棉和药泥的配制方法：把脱脂棉（废棉）揉成直径1～1.5厘米的棉团，在1.2%烟·参碱乳油500倍液或

0.2%苦参碱水剂1 000倍液等药液中浸一下，即成药棉；用上述药液加适量黏土调至黏稠糊状即成药泥。在石榴花凋谢后子房开始膨大时，将药棉（挤干药液）或药泥塞入（或抹入）萼筒即成。其防治率分别达95.6%和83.2%。

7）药剂防治。掌握在桃蛀螟第一、二代成虫产卵高峰期喷药，沿黄地区时间在6月上旬至7月下旬，关键时期是6月20日至7月30日，施药3～5次。

有效药剂：5%氟啶脲乳油1 000～2 000倍液，20%醚菊酯乳油1 000倍液，2.5%溴氰菊酯乳油1 000倍液，50%杀螟丹可溶性粉剂1 500倍液等。

2.金毛虫

金毛虫又名桑毒蛾、黄尾毒蛾等。属鳞翅目，毒蛾科。系盗毒蛾的生态亚种，形态与盗毒蛾极相似。

（1）分布与为害。分布于河南、河北、山东、安徽、江苏、上海、浙江、江西、福建、广东、广西、湖南、湖北、四川、云南、贵州等地。北方盗毒蛾比较多，南方金毛虫居多。初孵幼虫群集在叶背面取食叶肉，叶面表现为成块透明斑，3龄后分散为害，将叶片吃成大的缺刻，重者仅剩叶脉；啃食果皮，使果皮严重缺损。

（2）形态特征。

成虫：雌蛾体长14～18毫米，翅展36～40毫米；雄蛾体长12～14毫米，翅展28～32毫米。全体白色。复眼黑色，触角双栉齿状，淡褐色，雄蛾更为发达。雌蛾前翅近臀角处有褐色斑纹，雄蛾前翅除此斑外，在内缘近基角处还有一个褐色斑纹。而盗毒蛾的上述斑纹则为黑褐色。雌蛾腹部末端具较长黄色毛丛，而雄蛾自第三腹节以后即生毛丛，末端毛丛短小。足白色。

卵：直径0.6～0.7毫米，灰白色，扁圆形，卵块长条形，上覆黄色体毛。

幼虫：体长26～40毫米，头黑褐色，体黄色，而盗毒蛾幼虫体多为黑色。背线红色，亚背线、气门上线和气门线黑褐色，均断续不连；前胸背板具2条黑色纵纹；体背面有一橙黄色带，在第一、二、八腹节中断，带中央贯穿一红褐色间断的线；气门下线红黄色；前胸背面两侧各有一向前突出的红色瘤，瘤上生黑色长毛束和白褐色短毛，其余各节背瘤黑色，生黑褐色长毛和白色羽状毛，第五、六复节瘤橙红色，生有黑褐色长毛；腹部第一、二背板各有1对愈合的黑色瘤，上生白色羽状毛和黑褐色长毛。前胸的一对大毛瘤和各节气门下线及第九腹节的毛瘤为红色，其余各节背面的毛瘤为黑色绒球状。

蛹：长9～11.5毫米。

茧：长13～18毫米，椭圆形，淡褐色，附少量黑色长毛（图10-10）。

（3）生活史与习性。辽宁、山西年发生2代，华东、华中年发生3～4代，贵州年发生4代，珠江三角洲年发生6代，主要以3龄或4龄幼虫在枯叶、树杈、树干缝隙及落叶

图 10-10 金毛虫幼虫蛀食石榴果

中结茧越冬。2代区翌年4月开始活动，为害春芽及叶片。一、二、三代幼虫为害高峰期主要在6月中旬、8月上中旬和9月上中旬，10月上旬前后开始结茧越冬。成虫白天潜伏在中下部叶背，傍晚飞出活动、交尾、产卵，把卵产在叶背上，形成长条形卵块。成虫寿命7～17天。每雌产卵149～681粒，卵期4～7天。幼虫5～7龄，历期20～37天，越冬代长达250天。初孵幼虫喜群集在叶背上、啃食为害，3、4龄后分散为害叶片，有假死性，老熟后多卷叶或在叶背、树干缝隙或近地面土缝中结茧化蛹，蛹期7～12天。天敌主要有黑卵蜂、大角啮小蜂、矮饰苔寄蝇、桑毛虫绒茧蜂等。

（4）防治方法。

1）冬、春季结合修剪刮刷老树皮，清除园内及四周枯叶杂草，消灭越冬幼虫。

2）人工摘除卵块，及时摘除"窝头毛虫"，即在低龄幼虫集中为害一叶时，连续摘除2~3次，可收到事半功倍之效。

3）掌握在2龄幼虫高峰期，喷洒多角体病毒，每毫升含15 000颗粒的悬浮液，每亩喷洒20升的药液。

4）药剂防治。幼虫分散为害前，及时喷洒2.5%溴氰菊酯乳油，或20%氰戊菊酯乳油3 000倍液，或10%联苯菊酯乳油4 000~5 000倍液，或52.25%蝉·氯乳油2 000倍液，或90%晶体敌百虫1 000倍液，或50%辛硫磷乳油1 000倍液，或48%毒死蜱乳油1500倍液，或10%吡虫啉可湿性粉剂2 500倍液等。

3. 棉蚜

棉蚜又名蜜虫、腻虫、腻旱。属同翅目，蚜虫科。

（1）分布与危害。在全国各石榴产区均有分布。为害嫩芽、叶、花蕾。

（2）形态特征。

无翅雌蚜：夏季大多黄绿色，春、秋季大多深绿色、黑色或棕色，全体被有蜡粉。

有翅雌蚜：体黄色、浅绿色或深绿色，腹部两侧有3~4对黑斑。

（3）生活史与习性。1年发生20~30代。以卵在石榴、花椒、木槿枝条上越冬。翌年4月开始孵化，群集幼芽、嫩叶及花蕾吸食为害，致使枝叶卷曲，花器官萎缩，并排出大量黏液玷污叶面，易引发煤污病，影响生长和坐果。5月下旬后迁至花生、棉花上继续繁殖为害；至10月上旬又迁回石榴、花椒等木本植物上，繁殖为害一个时期后产生性蚜，交尾产卵于枝条上越冬。棉蚜在石榴树上为害时间主要在4~5月及10月，

图10-11 棉蚜为害石榴花蕾

6～9月主要为害农作物（图10-11）。

（4）防治方法。

1）人工防治。在秋末冬初刮除翘裂树皮，清除园内枯枝落叶及杂草，消灭蚜虫越冬场所。

2）保护和利用天敌。在蚜虫发生为害期间，瓢虫等天敌对蚜虫有一定的控制作用，施药防治要注意保护天敌。当瓢蚜比为1：（100～200），食蚜比为1：（100～150）时可不施药，充分利用天敌的自然控制作用。

3）药剂防治。在石榴树休眠期和生长期内均可进行药剂防治。发芽前的3月末4月初，以防治越冬有性蚜和卵为主，以降低当年越冬基数。在树木生长期内的防治关键时间为4月中旬至5月下旬；其中4月25日和5月10日两个发生高峰前后施药尤为重要。

有效药剂为：20%氰戊菊酯乳油、2.5%溴氰菊酯乳油、5%氟氯氰菊酯乳油、10%氯氰菊酯乳油等，浓度均为2 000～3 000倍液；或50%抗蚜威可湿性粉剂1 000～1 500倍液，或25%杀虫双水剂500倍液等。

4. 绿盲蝽

绿盲蝽又名棉青盲蝽、花叶虫等。属半翅目，盲蝽科。

（1）分布与为害。全国各石榴产区均有分布。以成虫、若虫刺吸枝、叶、果皮汁液，受害初期叶面呈现黄白色斑点，渐扩大成片，成黑色枯死斑，造成大量破孔、皱缩不平的"破叶疯"。孔边有一圈黑纹，叶缘残缺破烂，叶卷缩畸形，早落。严重时腋芽、生长点受害，造成腋芽丛生。花、果期为害，随着果实生长发育，果面出现大量"麻点"，果皮粗糙，失去原品种颜色和光泽。

（2）形态特征。

成虫：体长5毫米，宽2.2毫米，绿色，密被短毛。头部三角形，黄绿色，复眼黑色突出，无单眼，触角4节丝状，较短，约为体长2/3，第二节长等于第三、第四节之和，向端部颜色渐深，第一节黄绿色，第四节黑褐色。前胸背板黄绿色，分布有许多小黑点，前缘宽。小盾片三角形微突，黄绿色，中央具1浅纵纹。前翅膜片半透明暗灰色，其余绿色。足黄绿色，胫节末端、跗节色较深，后足腿节末端具褐色环斑，雌虫后足腿节较雄虫短，不超腹部末端，跗节3节，末端黑色（图10-12）。

卵：长1毫米，黄绿色，长口袋形，卵盖奶黄色，中央凹陷，两端突起，边缘无附属物。

若虫：共5龄，与成虫相似。初孵时绿色，复眼

图10-12 绿盲蝽成虫为害石榴花药

桃红色；2龄黄褐色；3龄出现翅芽；4龄翅芽超过第一腹节；5龄后全体鲜绿色，密被黑色细毛，触角淡黄色，端部色渐深。

（3）生活史与习性。北方年发生3～5代，山西运城年发生4代，陕西、河南年发生5代，江西年发生6～7代，以卵在树皮裂缝、树洞、枝杈处及近树干土中越冬。翌年春3～4月，旬平均气温高于10℃或连续日均气温达11℃、相对湿度高于70%时，卵开始孵化。成虫寿命长，产卵期30～40天，发生期不整齐。成虫飞行力强，喜食花蜜，羽化后6～7天开始产卵。非越冬代卵多散产在嫩叶、茎、叶柄、叶脉、嫩蕾等组织内，外露黄色卵盖，卵期7～9天。以春、秋两季受害重。主要天敌有寄生蜂、草蛉、捕食性蜘蛛等。

（4）防治方法。

1）冬、春清理园中枯枝落叶和杂草，刮刷树皮、树洞，消除寄主上的越冬卵。

2）树上药剂防治。于3月下旬至4月上旬越冬卵孵化期、4月中下旬若虫盛发期及5月上中旬初花期3个关键期喷洒20%氰戊菊酯乳油2 500倍液，或48%哒嗪硫磷乳油1 500倍液，或52.25%蝉·氯乳油2 000倍液等。

5.蓟马

蓟马又名棉蓟马、葱蓟马、瓜蓟马。属缨翅目，蓟马科。

（1）分布与为害。分布于全国各石榴产区。另在长江以南地区为害石榴的还有茶黄蓟马（又名茶黄硬蓟马、茶叶蓟马）。以成、若虫在叶背吸食汁液，使叶面出现灰白色细密斑点或局部枯死，影响生长发育。同时为害花蕾和幼果，常导致蕾、果脱落。果实不脱落的，被害部果皮因被食害掉，果实表面木栓化、皱裂，留下大的伤疤，严重影响商品外观，南方产区称之为"麻皮病"。

（2）形态特征。

成虫：体长1.2～1.4毫米，分黄褐色和暗褐色两种体色。触角第一节色浅；第二节和第六至七节灰褐色；第三至五节淡黄褐色，但第四、五节末端色较深。前翅淡黄色。腹部第二至八背板较暗，前缘线暗褐色。头宽大于长，单眼间鬃较短，位于前单眼之后、单眼三角连线外缘。触角7节，第三、四节上具叉状感觉锥。前胸稍长于头，后角有2对长鬃。中胸腹板内叉骨有刺，后胸腹板内叉骨无刺。前翅基鬃7或8根，端鬃4～6根；后脉鬃15或16根。第八背板后缘梳完整。各背侧板和腹板无附属鬃。

卵：初期肾形，乳白色，后期卵圆形，直径0.29毫米左右，黄白色，可见红色眼点。

若虫：共4龄，第一、二、三、四龄各龄体长分别为0.3～0.6毫米、0.6～0.8毫米、1.2～1.4毫米、1.2～1.6毫米。体淡黄色，触角6节，第四节具3排微毛，胸、腹部各节有微细褐色点，点上生粗毛。4龄翅芽明显，不取食，但可活动，称伪蛹（图10-13）。

（3）生活史与习性。华北地区年发生3～4代，山东、河南年发生6～10代，华南地区年发生20代以上。在

图10-13　蓟马为害石榴枝嫩芽

25～28℃时，卵期5～7天，若虫期（1～2龄）6～7天，前蛹期2天，蛹期3～5天，成虫寿命8～10天。雌虫可行孤雌生殖，每雌产卵21～178粒，卵产于叶片组织中。2龄若虫后期，常转向地下，在表土中经历"前蛹"及"蛹"期。以成虫越冬为主，也有若虫在葱、蒜叶鞘内侧、土块下、土缝内或枯枝落叶中越冬，还有少数以"蛹"在土中越冬。在华南无越冬现象。成虫极活跃，善飞，怕阳光，早、晚或阴天取食强。初孵若虫集中在叶基部为害，稍大即分散。在气温25℃和相对湿度60%以下时，利于蓟马发生，高温高湿则不利，暴风雨可降低发生数量。1年中以4～5月为害最重。

（4）防治方法。

1）清除园地周围杂草及枯枝落叶，以减少虫源。

2）药剂防治。若虫初期可喷洒50%辛硫磷乳油1 000倍液、10%吡虫啉可湿性粉剂2 000倍液、5%氟虫脲乳油1 500倍液、1.8%阿维菌素乳剂3 000倍液、15%哒螨灵乳油2 000倍液等。10天左右1次，防治2～3次。

6. 石榴巾夜蛾

石榴巾夜蛾属鳞翅目，夜蛾科。

（1）分布与为害。在全国各石榴产区均有分布，以幼虫食害石榴嫩芽及叶片，轻则食叶仅残留叶片主脉，重则吃光叶片及嫩芽。

（2）形态特征。

成虫：体长18～20毫米，头、胸、腹部褐色；前翅中部有一灰白色带，中带以内黑棕色，中带至外线黑棕色，外线黑色，顶角有2个黑斑。后翅棕赭色，中部有一白带。

卵：馒头形，灰绿色。

幼虫：老熟幼虫体长43～60毫米，第一、二腹节常弯曲成桥状。头部灰褐色。体背面茶褐色，满布黑褐色不规则斑点。体腹面淡赭色。胸足3对，紫红色。第一对腹足很小，第二对发达，第三、四对较小，臀足发达。腹外侧茶褐色，有黑斑点，腹足内侧暗红色（图10-14）。

蛹：体长24毫米，黑褐色。茧褐色。

图10-14　石榴巾夜蛾幼虫

（3）生活史与习性。1年发生4～5代，以蛹在土中越冬。翌年4月石榴发芽时越冬蛹羽化为成虫，交尾产卵。卵多散产在树干上，每头雌虫平均产卵90粒左右，卵期4～8天，孵化率90%以上。幼虫体色与石榴树皮近似，白天虫体伸直紧伏在枝条背阴处不易被发现，夜间活动取食幼芽和叶片，老熟幼虫化蛹于枝干交叉或枯枝等处。9月末10月初老熟幼虫下树，在树干附近土中化蛹越冬。

（4）防治方法。

1）落叶至萌芽前的11月至翌年3月间，在树干周围挖捡越冬虫蛹。幼虫发生期人工捕捉幼虫喂食家禽。

2）药剂防治。在幼虫发生期喷洒25%甲萘威可湿性粉剂500倍液，或25%灭幼脲悬浮剂600～800倍液，或2.5%溴氰菊酯乳油2 000倍液等。

7. 榴绒粉蚧

榴绒粉蚧又叫紫薇绒蚧、石榴绒蚧、石榴毡蚧，属同翅目，粉蚧科。

（1）分布与为害。全国各石榴产区均有发生，主要为害石榴和紫薇。以成虫和若虫吸食幼芽、嫩枝和果实、叶片汁液，削弱树势，绒蚧分泌的大量蜜露会诱发煤污病，使叶片变黑脱落、枯死，严重影响产量。

（2）形态特征。

成虫：成熟期雌成虫体外具白色卵圆形伪蚧壳，由毡绒状蜡毛织成，其背面纵向隆起，蚧壳下虫体棕红色，卵圆形，体背隆起，体长

1.8~2.2毫米。雄成虫紫褐色至红色，体长约1.0毫米，前翅半透明，后翅呈小棍棒状，腹末有性刺及2条细长的白色蜡质尾丝（图10-15）。

图10-15　榴绒粉蚧及为害状

卵：卵初产时为淡粉红色，近孵化时呈紫红色，椭圆形，长约0.3毫米。

若虫：椭圆形，体扁平，长约0.4毫米，初孵淡黄褐色，后变成淡紫色。

蛹：预蛹长椭圆形，长1毫米左右，紫红色，包于白色毡绒状伪蚧壳中。

（3）生活史与习性。在黄淮产区每年发生3代，以第三代1~3龄若虫于11月上旬进入越冬状态。越冬场所寄主枝干皮缝、翘皮下及枝权等处。翌年4月上、中旬越冬若虫开始雌雄明显分化，5月上旬雌成虫开始产卵，每头雌成虫产卵量为100~150粒，卵产于伪蚧壳内，卵期10~20天，孵化后从蚧壳中爬出，寻找适宜地方为害。第一代若虫发生在6月上、中旬；第二、三代若虫分别发生在7月中旬、8月下旬，并发生世代重叠。环境条件影响该虫的发生：冬季低温、夏季的7~8月降雨大而急、阴雨天多、天敌数量大都不利于此虫的发生。

（4）防治方法。

1）冬、春季细刮树皮，或用硬毛刷子刷除越冬若虫，集中烧毁或深埋。

2）有条件地区可人工饲养和释放天敌红点唇瓢虫、跳小蜂和姬小蜂等防治。

3）冬前落叶后或2月下旬前后树体喷布3~5波美度石硫合剂杀灭越冬虫态。

4）药剂防治。于各代若虫发生高峰期叶面喷洒25%噻嗪酮可湿性粉剂1 500～2 000倍液，或5%顺式氰戊菊酯乳油1 500倍液，或20%甲氰菊酯乳油3 000倍液等，防效很好。

8. 石榴茎窗蛾

石榴茎窗蛾又名花窗蛾。属鳞翅目，窗蛾科。

（1）分布与为害。茎窗蛾是石榴的主要害虫之一，在我国石榴产区均有分布为害。幼虫钻蛀石榴枝干，严重地破坏树形结构，是丰产、稳产的主要障碍因子之一。重灾果园为害株率达96.4%，为害枝率3%以上。

（2）形态特征。

成虫：雄蛾瘦小，体长15毫米，翅展32毫米。雌蛾体肥大，圆柱形，体长15～18毫米，翅展37～40毫米。翅面白色，略有紫色反光。前翅前缘有数条茶褐色短斜线；前翅顶角有一不规则的深茶褐色斑块，下方内陷弯曲呈钩状；臀角有深茶褐色斑块，近后缘有数条短横纹。后翅白色，肩角有不规则的深茶褐色斑块，后缘有4条茶褐色横带。腹部白色，各节背面有茶褐色横带。

卵：长×宽为（0.6～0.65）毫米×0.3毫米，初产淡黄色，后变为棕褐色，瓶形，有13条纵直线，数条横纹，顶端有13个突起。

幼虫：幼龄虫淡青黄色，老熟幼虫黄褐色。体长32～35毫米，长圆柱形念珠状，头黑褐色。体节11节；胸节3节，前胸背板发达，后缘有一深褐色月牙形斑；胸足3对，黑褐色；腹节8节，前7节两侧各有气孔一个；腹足4对于3～6节上，腹部末节坚硬深褐色，有棕色刚毛20根，背面向下斜截，末端分叉（图10-16）。

蛹：长圆形，长15～18毫米，化蛹后由米黄色转变为褐色。

（3）生活史与习性。石榴茎窗蛾在河南省沿黄产区每年发生1

图10-16　石榴茎窗蛾幼虫

代，以幼虫在枝干内越冬。越冬幼虫一般在3月末4月初恢复活动蛀食为害，5月下旬幼虫老熟化蛹，幼虫老熟时，爬至倒数1～2个排粪孔处（一般第一个），加大孔径至4～8毫米，形成长椭圆形羽化孔。头向上在羽化孔下方端末隧道内化蛹。6月中旬开始羽化，7月上、中旬为羽化盛期，8月上旬羽化结束。成虫白天隐藏在石榴枝干或叶背处，夜间飞出活动。雌成虫交尾后1～2天开始产卵，连续产卵2～3天，其寿命为3～6天。产卵部位多在嫩梢顶端2～3片叶腋芽处，单粒散产或2～3粒产在一起。卵期13～15天。从7月上旬开始孵化，孵化幼虫3～4天后自腋芽处蛀入嫩梢，沿髓心向下蛀纵直隧道；3～5天被害枝梢枯萎死亡，极易发现。随着虫龄增大，排粪孔径和孔间距离向下逐渐增大；一般排粪孔径变化在0.02～0.2厘米，孔间距离为0.7～3.7厘米不等。1个世代周期掘排粪孔13～15个。1个枝条蛀生1～3头幼虫，一般1头；1个世代蛀食枝干达50～70厘米。蛀入1～3年生幼树或苗木可达根部，致使植株死亡；成龄树达3～4年生枝，破坏树形，影响产量。当年在茎内蛀食为害至初冬，在茎内休眠越冬。翌年3月下旬恢复活动，继续向下为害，直至化蛹完成1个世代周期。

（4）防治方法。

1）在7月初每隔2～3天检查树枝1次，发现枯萎新梢及时剪除烧毁，消灭初蛀入幼虫。

2）春季石榴树萌芽后，剪除未萌芽的枝条（50～80厘米）集中烧毁，以消灭越冬幼虫。

3）药剂防治。在卵孵化盛期，可喷洒10%氯菊酯乳油1 000～1 500倍液，或20%醚菊酯1 500～2 000倍液，或20%氰戊·马拉硫磷乳油1 000～1 500倍液等，触杀卵和毒杀初孵幼虫。

对蛀入2～3年生枝干内幼虫，用注射器从最下一个排粪孔处注入500倍液的阿维菌素，或5%氟苯脲乳油500倍液，然后用泥封口毒杀，防治率可达100%。

十一、采收、贮藏、加工及综合利用

（一）采收时间与技术

石榴果实适时采收，是果园后期管理的重要环节，合理的采收不仅保证了当年产量及果实品质、提高贮藏效果、增加经济效益，同时由于树体得到合理的休闲，又为来年丰产打下良好基础。

1. 采前准备

采前准备主要包括3个方面：一是采摘工具如剪、篓、筐、篮等和包装箱订做以及贮藏库的维修、消毒准备等。二是市场调查，特别是果园面积较大、可销售果品量较多时，此项工作更为重要，只有做好市场调查预测，才能保证丰产丰收，取得高效益。三是合理组织劳力，做好采收计划，根据石榴成熟期不同的特点及市场销售情况，分期分批采收。

2. 采收期的确定

采收期的早晚对果实的产量、品质以及贮藏效果有很大影响。采收过早，产量低、品质差，由于温度还较高，果实呼吸率高而耐藏性差，采收越早，损失越大；过晚采收，容易裂果，贮运期易烂果，商品价值降低，且由于果实生长期延长，养分耗损增多，减少了树体贮藏养分的积累，降低了树体越冬能力，影响翌年结果。因品种不同，以籽粒、色泽达到本品种成熟标志来确定适宜的采收期。黄淮地区，早熟品种一般8月下旬、9月上旬成熟，晚熟品种可至10月中、下旬成熟。

应以调节市场供应、贮藏、运输和加工的需要、劳动力的安排、栽培管理水平、树种品种特性以及气候条件来确定适宜的采收期。我国人民有中秋节走亲访友送石榴的习惯，不论成熟与否，一般中秋节前石榴都大量上市；石榴是连续坐果树种，成熟期不一致，要考虑分期采收，分批销售；树体衰弱、管理粗放和病虫为害而落叶较早的单株，亦需提前采收，以免影响枝芽充实而减弱越冬能力；果品用于贮藏的，要适当早采收，果实在贮藏期有一个后熟过程，可以延长贮藏期；准备立即投放市场的，随销随采，关键是色泽要好。久旱雨后要及时采收，减少裂果；雨天禁止采收，防果内积水，引起贮藏期烂果。

3. 采收技术

采收过程中应防止一切机械伤害，如指甲伤、碰伤、压伤、刺伤等。果实有了伤口，微生物极易侵入，增强呼吸作用，增加烂果机会，降低贮运性和商品价值。石榴果实即使充分成熟也不会自然脱落，采摘时一般一手拿石榴一手持剪枝剪将果实从果柄处剪断，剪下后将果实轻轻放入内衬有蒲包或麻袋片等软物的篓、篮、筐内，切忌远处投掷，果柄要尽量剪短些，防止刺伤果。当时上市的果实，个别果柄可留长些，并带几片叶，增加果品观赏性。转换筐（篓）、装箱时要轻拿轻放，防止碰掉萼片。运输过程中要防止挤、压、抛、碰、撞。

采果时还要防止折断果枝，碰掉花、叶芽，以免影响来年产量（图11-1）。

图 11-1 采摘技术

（二）分级、包装

1.分级

果实从树上采摘后，要置于阴凉通风处，避免太阳暴晒和雨淋，来不及运出果园的，存放果实的筐上要盖麻袋或布单遮阳。利用在选果场倒筐之机进行初选，将病虫果、严重伤果、裂果挑出。对初选合格的果实再进行分级包装，分级是规范包装、提高果实商品价值的重要措施。石榴分级国内尚无统一标准，往往随品种、地区和销售而有不同。各地制定的分级标准一般以果实大小、色泽（果皮、籽粒）、果面光洁度、品质（籽粒风味）为依据。河南省对石榴果实分级定为特、一、二、三等4个级别（DB41/T488—2006）（表11-1）。

表11-1 河南省石榴果实分级标准

等级	果重（克）	果形	果面	口感	萼片	残伤
特级	本品种平均果重的130%以上	丰满	光洁；90%以上果面呈现本品种成熟色泽	好	完整	无
一	本品种平均果重的110%以上	丰满	光洁；70%以上果面呈现本品种成熟色泽	好	完整	无
二	本品种平均果重的90%～110%	丰满	光洁，有点状果锈；50%以上果面呈现本品种成熟色泽	良好	不完整	无
三	本品种平均果重的70%以上	丰满	有块状果锈；30%以上果面呈现本品种成熟色泽	一般	不完整	无

2.包装

石榴妥善包装，是保证石榴果实完好，提高商品价值的重要环节。为便于贮藏和运输，减少损失，一般包装分3种。

（1）用竹或藤条编成的筐、篓包装。规格大小不一，每筐、篓装果20～30千克。筐为四方体或长方体形，篓为底小口大的柱体形，篓盖呈锅底形。装果前篓、筐内壁先铺好蒲包，或柔软的干草，为了达到保温、保湿、调节篓内气体的目的，可于蒲包内衬一适当容积的果品保鲜袋，然后将柔软白纸或泡沫材料网袋包紧的石榴分层、挤紧、摆好，摆放时注意将萼筒侧向一边，以免损伤降低品级。篓、筐装满后，将蒲包折叠覆盖顶部，加盖后用铁丝或细绳扎紧。筐内外悬挂写有重量、品种、级别、产地的标签。

（2）纸箱包装。包装箱规格有50厘米×30厘米×30厘米、40厘米×30厘米×25厘米、30厘米×25厘米×20厘米和35厘米×25厘米×17厘米等，箱装果重量分别为20千克、10千克、5千克和4.5千克，根据需要确定包装箱规格。装箱时，先在箱底铺垫一层纸板，后将纸格放入展开，再将用柔软白纸或泡沫材料网袋裹紧的石榴放入每一格内，萼筒侧向一边，以防损伤。装满一层后，盖上一张硬纸板，再放入一个纸格装第二层。依次装满箱后，盖上一层硬纸板，盖好箱盖，胶带纸封箱，打包带扎紧。箱上说明品种、产地、级别、重量等。石榴包装要注意分品种、分级别进行，不破箱、不漏装，果实相互靠紧，整齐美观。减少长途运输挤压、摩擦，保证质量。

（3）礼品式精品包装。有多种包装规格，适合不同的消费人群，可以开发各种人性化设计。

（三）贮藏

石榴为中秋之际时令佳果，搞好贮藏保鲜，是调剂市场、延长供应时间、利用季节差价、提高经济价值、直至远距离运销的重要手段。

1. 贮藏条件

影响石榴保鲜贮藏的关键因素是贮藏场所的温度、湿度、气体成分和环境净度。

（1）温度。石榴果实贮藏的适宜温度为 3～6℃。石榴是对低温伤害敏感的果实，在 -1℃时出现低温伤害症状，故果实不应在此温度条件下贮藏。在安全贮藏温度条件下贮藏的，在解除贮藏后果实应立即消售。不同品种的石榴果实，含水率、耐贮性等方面存在较大差异，每个品种贮藏的适宜温度不同，含水率高的品种，贮藏温度适当高些。同一品种产地不同，成熟期不同，贮藏温度也不同。9 月中旬前成熟的，贮藏温度以 5～6℃为宜；9 月中旬后成熟的，贮藏温度以 3～5℃为宜。

（2）湿度。在环境温度适宜时，石榴贮藏环境的相对湿度应保持在85%～90%为宜。相对湿度的调节，应根据不同品种果实果皮含水率而定。果皮含水率相对较低的品种，环境相对湿度应大些；而果皮含水率相对较高的品种，环境相对湿度应小些。

（3）气体。有贮藏实验认为，石榴果实是无呼吸高峰的果实，贮藏期间产生少量的乙烯，而且对各种外加乙烯处理无反应。果实产生的二氧化碳和乙烯两者的浓度均随温度的升高而增加。在适宜温度条件下贮藏时，空气中氧的合适浓度宜在8%以下，二氧化碳的适宜浓度不宜高于5%。

（4）环境净度。环境净度包括贮藏环境净度和贮藏果实自身净度，二者无菌、卫生清洁，是防止和减轻贮藏病害的关键，故贮藏前一定要对贮藏场所、贮藏果实进行杀菌、消毒处理。

2. 贮前准备

（1）选择耐贮品种。品种不同，耐贮性不同，用于贮藏的品种，必须品质优良、适于长期存放。如河南的蜜宝软籽、蜜露软籽，陕西临潼的临选1号，安徽的淮北软籽1号，山西的江石榴，四川会理的青皮软籽等。

（2）适期采收。石榴由于花期不集中，导致果实成熟期不一致。用于贮藏的果实，可以采收成熟度大约在90%的果实，果实在贮藏期有一个后熟过程，适当早采果可以延长贮藏期。

（3）场所器具准备。在果实采收前，根据生产量的多少，决定贮藏量和贮藏方法，对贮藏场所和器具提前做好物质准备和消毒处理。常用消毒杀菌剂有多菌灵、代森锌、甲基硫菌灵等。

（4）果实处理。将采下准备贮藏的果实，经过严格挑选，剔除病虫果和损伤果，堆置于避光通风的空地2～3天，经发汗、降温、果皮水分稍散后，用药剂做防腐处理。常用药剂有25%多菌灵可湿性粉剂500倍液，或40%甲基硫菌灵可湿性粉剂600倍液，或60%代森锌可湿性粉剂500倍液，等等，再加入适量的水果防腐保鲜剂，浸果1分钟后捞出阴干，然后根据计划存放。

3.贮藏保鲜方法

（1）室内堆藏法。选择通风冷凉的空屋，打扫干净，适当洒水，然后消毒。将已消毒的稻草在地面铺5～6厘米厚。其上按一层石榴（最好是塑料袋单果包装）、一层松针堆放，堆5～6层为限。最后在堆上及四周用松针全部覆盖，在贮藏期间每间隔15～20天检查1次，随用随取。此法可保鲜2～3个月。

（2）井窖贮藏。选择地势高、地下水位低的地方，挖成直径1米、深2～3米的干井，然后从底部向四周取土掏洞，洞的大小以保证不塌方及贮量而定。贮藏方法是在窖底先铺1层消毒后的干草，然后在其上面摆放3～6层石榴，最后将井口封闭。封闭方法是在井口上面覆盖木棍或作物秸秆，中间竖1束作物秸秆以利于通风，上面覆土封严。此法可保鲜至翌年春。井窖保护妥当时，可连续使用多年。

（3）坛罐贮藏。选坛罐之类容器冲洗干净，然后在底部铺上1层含水5％的湿沙，厚5～6厘米，中央竖1束作物秸秆或竹编制的圆筒，以利换气。在作物秸秆或竹编制的圆筒四周装放石榴，直至装到离罐口5～6厘米时，再用湿沙盖严封口。

（4）袋装沟藏。

1）挖沟。选地势平坦、阴凉、清洁处挖深80厘米、宽70厘米的贮藏沟，长度根据贮藏量而定。于果实采收前3～5天，白天用草苫将沟口盖严，夜间揭开，使沟内温度降至和夜间低温基本相同时，再采收，装袋入沟。

2）装袋。将处理过的果实（用100倍D 7保鲜剂浸泡10分钟，或用其他保鲜剂）装入厚0.04毫米、宽50厘米、长60厘米的无毒塑料袋，每袋装20千克，装袋后将袋口折叠，放入内衬蒲包的果筐或果箱内，盖上筐盖或者箱盖，不封闭。

3）管理。贮藏前期，白天用草苫覆盖沟口，夜间揭开，使贮藏沟内的温度控制在3～4℃为宜。贮藏中期，随着自然温度不断降低，当贮藏沟内温度降至3℃左右时，把塑料袋扎紧，筐箱封盖，并用2～3层草苫将贮藏沟盖严，呈封闭状态，每个月检查1次。贮藏后期，3月上、中旬气温回升，沟内贮藏温度升至3℃以上时，再恢复贮藏前期的管理，利用夜间的自然降温，降低贮藏沟内的温度。利用此法可将果实贮藏到翌年4月，好果率仍达90%以上。

（5）土窑洞贮藏。适于黄土丘陵地区群众有利用窑洞生活的石榴产区采用。一般选取坐南朝北方向，窑身宽3米、高3米、洞深10～20米，窑顶为拱形，窑地面从外向内渐次升高或缓坡形，以利于窑内热空气从门的上方逸出。窑门分前、后两道，第一道为铁网或栅栏门，第二道为木板门，门的规格为宽0.9米左右，高2.0米左右，两道门距3米左右，作用为缓冲段，以保持藏室条件稳定。在窑内末端向上垂直打一通风口，通风孔下口直径0.7米左右，上口直径0.4米左右，出地面后再砌高2～3米。

窑洞地面铺厚约5厘米的湿沙，将药剂处理过的果实塑料袋单果包装好后散堆于湿沙上4～5层；或者用小塑料袋单果包装后装筐，也可加套塑料果网后每15千克装1袋（塑料袋或简易气调袋）置于湿沙上，码放1～2层。

果实贮藏初期将窑门和通气孔打开通风降温。12月中旬后，外界温度低于窑温时，要关闭通气孔和窑门，门上挂棉帘或草帘御寒，并注意经常调节室内温度与湿度。贮藏初期要经常检查，入库后每15～20天检查1次，随时拣出腐烂、霉变果实，以防扩大污染。窑洞贮藏要注意防鼠害。

（6）冷库贮藏。利用不同类型机械制冷库贮藏石榴，可以科学地控制库内温度和湿度，是解决大批量石榴果实保鲜的先进技术。目前更先进的是气调保鲜，除具有控温、控湿外，还可以控制库内氧气和二氧化碳气体浓度。有条件的地区可以利用。

（四）加工

1. 石榴的营养成分

石榴果实营养丰富，籽粒中含有丰富的糖类、有机酸、蛋白质、脂肪、矿物质、多种维生素等多种人体所需的营养成分。据分析，石榴果实中含碳水化合物17%，水分70%～79%，石榴籽粒出汁率一般为87%～91%，果汁中可溶性固形物含量为15%～19%，含糖量为

10.11%~12.49%；果实中含有苹果酸和枸橼酸，含量因品种不同而不同，一般品种为0.16%~0.40%，而酸石榴品种为2.14%~5.30%。每100克鲜果汁含维生素C 11~24.7毫克以上（比苹果高1~2倍），磷8.9~10毫克，钾216~249.1毫克，镁6.5~6.76毫克，钙11~13毫克，铁0.4~1.6毫克，脂肪0.6~1.6毫克，蛋白质0.6~1.5毫克，还含有人体所必需的天门冬氨酸等16种氨基酸。除鲜食外，去皮榨汁，可加工成酸甜适口、风味独特的石榴酒、石榴汁、石榴露、石榴醋等饮品。酸石榴品种以加工为主，而软籽类石榴品种，由于其核软加工方便，更适合作加工型品种。

石榴果皮、隔膜及根皮、树皮中含鞣质平均为22%以上，可提取栲胶，既能作鞣皮工业的原料，也可作棉、麻等印染行业的重要原料。

石榴全身都是宝，可以综合开发利用。

2. 石榴的加工利用

以下简要介绍几种有关石榴的加工工艺及方法。

（1）石榴酒。

1）工艺流程。

石榴→去皮→破碎→果浆→前发酵→分离→后发酵→储存→过滤→调整→热处理→冷却→过滤→储存→过滤→装瓶、贴标、入库。

2）操作要领。

A.原料处理与选择。选择鲜、大、皮薄、味甜的果实，去皮破碎成浆，入发酵池，留有1/5空间。

B.前发酵。加一定量的糖，适量二氧化硫。加入5%~8%的人工酵母，搅拌均匀，进行前发酵。温度控制在25~30℃，时间8~10天，然后分离，进行后发酵。

C.后发酵陈酿。前发酵分离的原液，含糖量在0.5%以下，用酒精封好该液体进行后发酵陈酿。时间1年以上。分离的皮渣加入适量的糖进行2次发酵。然后蒸馏得到白兰地，待调酒用。

D. 过滤、调整。对存放1年后的酒过滤，分析酒度、糖度、酸度，接着按照标准调酒，然后再进行热处理。

E. 热处理。将调好的酒升温至55℃，维持48小时，而后冷却，静置7天再过滤。

F. 冷却、过滤、储存、过滤、装瓶、杀菌入库。为增加酒的稳定性，先对过滤的酒进行冷处理，再过滤储存，然后过滤装瓶。在70~72℃下维持20分钟杀菌，后贴封入库。

3）质量标准。

A. 感官指标。色泽橙黄，澄清透明，无明显悬浮物和沉淀物。具有新鲜、愉悦的石榴果香及酒香，无异味，风味醇厚，酸甜适口，酒体丰满，回味绵长。具有石榴酒特有的风格。

B. 理化指标。

酒度（20℃）/ %	10~12
糖度（葡萄糖）/（克/100毫升）	10~16
酸度（柠檬酸）/（克/100毫升）	0.4~0.7
挥发酸/（克/100毫升）	< 0.1
干浸出物/（克/100毫升）	> 1.5

（2）石榴甜酒。

1）原料。石榴、香菜籽、芙蓉花瓣、柠檬皮、白糖、脱臭酒精。

2）工艺流程。

脱臭酒精、砂糖
↓
石榴→洗净→挤汁→配制→储存→过滤→储存→石榴甜酒。
↑
柠檬皮、香菜籽、芙蓉花瓣

3）操作要领。

A. 原料处理。选择个大、皮薄、味甜、新鲜、无病斑的甜石榴，出汁在30％以上，洗净，挤汁。

B. 配制。将石榴汁与其他原料一起放入玻璃瓶内，封闭严密防止空气进入，置1个月。期间，应常摇晃瓶子，使原料调和均匀。

C. 过滤。1个月后，将初酒滤入深色玻璃瓶内，塞紧木塞，用蜡、胶封严。5个月后可开瓶，经调和即可饮用。

4）质量标准。

A. 感官指标。金黄色，澄清透明，无明显悬浮物，无沉淀。风味酸甜适口，回味绵长。酒体醇厚丰满，有独特风味。

B. 理化指标。

酒度（20℃）／％	10～12
糖度（葡萄糖）／（克/100毫升）	10.0～16.0
酸度（柠檬酸）／（克/100毫升）	0.4～0.7
挥发酸／（克/100毫升）	＜0.1
干浸出物／（克/100毫升）	＞1.5

（3）石榴药酒。用酸石榴7枚，甜石榴7枚，人参、黄参、沙参、丹参、苍耳子、羌活各60克，白酒1 000毫升。将前8种材料中的石榴捣烂，其他切碎，一起放入布袋，置容器中，加入白酒，密封，浸泡7～14天后，过滤去渣即成。主要功用：益气活血、祛风刮湿、解毒避瘟。每于饭前温服20毫升，可以治疗中风、头面热毒、皮肤生疮、颜面生结、眉毛脱落等。